Bajarangilal Chaudhary

"Perfil bacteriológico da infeção do pé diabético"

Bajarangilal Chaudhary

"Perfil bacteriológico da infeção do pé diabético"

ScienciaScripts

Cover image: www.ingimage.com

This book is a translation from the original published under ISBN 978-620-2-05299-3.

Publisher:
Sciencia Scripts
is a trademark of
Dodo Books Indian Ocean Ltd. and OmniScriptum S.R.L publishing group

120 High Road, East Finchley, London, N2 9ED, United Kingdom
Str. Armeneasca 28/1, office 1, Chisinau MD-2012, Republic of Moldova, Europe
Printed at: see last page
ISBN: 978-620-7-72307-2

ÍNDICE

CAPÍTULO 1. INTRODUÇÃO

As infecções do pé diabético (IFD) são um problema clínico comum. Se forem devidamente controladas, podem ser curadas; no entanto, muitos doentes sofrem remoções desnecessárias devido a metodologias indicativas e úteis inadequadas. A infeção do pé diabético pode ser caracterizada clinicamente pela proximidade de irritação ou purulência e, posteriormente, ordenada por gravidade.[1] É descrita por algumas confusões neuróticas, por exemplo, neuropatia, doença vascular da franja, ulceração do pé e doença com ou sem osteomielite, levando ao avanço da gangrena e, não obstante, exigindo a remoção do apêndice.[2,3] As pessoas com diabetes correm um risco 10 vezes maior de serem hospitalizadas devido a uma infeção delicada dos tecidos e dos ossos do pé do que as pessoas sem diabetes. Prevê-se que a população diabética indiana aumente para 57 milhões até ao ano 2025.[4] *O Staphylococcus aureus* é o agente mais predominante na doença do pé diabético (DFIs), juntamente com diferentes aeróbios (incluindo *Staphylococcus epidermidis, Streptococcus* spp., *Pseudomonas aeruginosa, Enterococcus* spp. e ainda microrganismos coliformes) e anaeróbios.[5,6] Diferentes microrganismos colonizam definitivamente a lesão, provocando danos nos tecidos, seguidos de uma reação do hospedeiro acompanhada de agravamento. Consequentemente, é importante avaliar de forma rotineira os diversos microrganismos que contaminam a lesão, independentemente do controlo glicémico e dos cuidados com a ferida.[7,8] A bacteriologia da infeção do pé diabético é excecionalmente confusa, tendo numerosos analistas apresentado uma fotografia de doença mista com micróbios vigorosos e anaeróbios. O desenho da indefesa anti-infeção indica adicionalmente uma parcela de variedade entre vários locais de terra e, além disso, com diferentes prazos. Os microrganismos seguros para múltiplos fármacos têm sido considerados em numerosas infecções do pé diabético.[9,10] A gestão adequada destas doenças requer a separação microbiana, uma escolha adequada ou exacta e provas reconhecíveis de complexidades que requerem uma intervenção cirúrgica, uma vez que mais de uma parte destes doentes necessita de ser removida.[11]

CAPÍTULO 2. REVISÃO DA LITERATURA

História:

A diabetes é uma das principais doenças descritas[12] com uma cópia original egípcia de 1500 a.C. especificando "purga excessivamente incrível da urina". Os primeiros casos retratados são aceites como sendo de diabetes de tipo 1. Os médicos indianos da mesma época distinguiram a doença e chamaram-lhe madhumeha ou xixi de néctar, notando que o xixi atraía formigas. A expressão "diabetes" ou "to go through" foi inicialmente utilizada em 250 a.C. pelo grego Apolónio de Mênfis. Os diabetes tipo 1 e tipo 2 foram reconhecidos como condições isoladas surpreendentemente pelos médicos indianos Sushruta e Charaka em 400-500 CE com o tipo 1 relacionado com a juventude e o tipo 2 com a robustez. A expressão "mellitus" ou "do néctar" foi incluída por Thomas Willis no final dos anos 1600 para isolar a doença da diabetes insípida, que está adicionalmente relacionada com o xixi sucessivo.[13] A manifestação da diabetes através do xixi doce é evidente no nome chinês da diabetes, que significa "doença do açúcar e da urina". Este nome foi também adotado em coreano e japonês. Em 1776, Matthew Dobson afirmou que o sabor doce tem origem numa superabundância de um tipo de açúcar no xixi e no sangue.[14]

Definição:

A diabetes é um conjunto de infecções metabólicas caracterizadas por hiperglicemia que surge devido a imperfeições na descarga de insulina, na atividade da insulina ou em ambas. A hiperglicemia interminável da diabetes está relacionada com danos a longo prazo, avarias e desilusão de vários órgãos, em particular os olhos, os rins, os nervos, o coração e as veias.[15]

Classificação da Diabetes mellitus:

A atribuição de um tipo de diabetes a um indivíduo depende regularmente das condições apresentadas na altura da conclusão do tratamento, e muitas pessoas diabéticas não se enquadram facilmente numa única classe. Por exemplo, um homem com diabetes mellitus gestacional (GDM) pode continuar a ser hiperglicémico após o transporte e pode ser considerado como tendo, na verdade, diabetes de tipo 2. Por outro lado, um homem que contrai diabetes devido a doses elevadas de esteróides exógenos pode ficar normoglicémico quando os glucocorticóides são suspensos, mas pode criar diabetes vários anos depois, após cenas repetidas de pancreatite.

Outro caso seria o de um homem tratado com tiazidas que cria diabetes anos após o facto. Uma vez que as tiazidas, por si só, causam por vezes uma hiperglicemia extrema, estas pessoas têm muito provavelmente diabetes de tipo 2 que é exacerbada pela medicação. Desta forma, para o clínico e para o doente, é menos importante nomear o tipo específico de diabetes do que compreender a patogénese da hiperglicemia e tratá-la adequadamente[15]

Diabetes tipo 1:

Diabetes imunomediada:

Este tipo de diabetes, que representa apenas 5-10% das pessoas com diabetes, anteriormente incluída pelos termos diabetes subordinada à insulina ou diabetes de início na adolescência, surge devido a uma demolição do sistema imunitário das células B do pâncreas, com intervenção celular. Os marcadores da demolição resistente das células B incluem auto-anticorpos contra as células dos ilhéus, auto-anticorpos contra a insulina, auto-anticorpos contra o GAD (GAD65) e auto-anticorpos contra as tirosina fosfatases IA-2 e IA-2b. Um destes auto-anticorpos, e normalmente uma quantidade maior, está disponível em 85-90% das pessoas quando a hiperglicemia em jejum é detectada pela primeira vez. Da mesma forma, a infeção tem uma relação HLA sólida, com ligação às qualidades DQA e DQB, e é afetada pelas qualidades DRB. Estes alelos HLA-DR/DQ podem ser inclinados ou defensivos. Neste tipo de diabetes, a taxa de dizimação das células B é um fator importante, sendo rápida em algumas pessoas (principalmente crianças recém-nascidas e jovens) e moderada noutras (essencialmente adultos). Alguns doentes, sobretudo crianças e jovens, podem apresentar cetoacidose como principal sinal da infeção. Outros têm uma hiperglicemia de jejum discreta que pode rapidamente transformar-se em hiperglicemia grave e, adicionalmente, em cetoacidose à vista da doença ou de outra ansiedade. Outros ainda, especialmente os adultos, podem manter o trabalho restante das células B adequado para evitar a cetoacidose durante muito tempo; essas pessoas, a longo prazo, tornam-se claramente sujeitas à insulina para sobreviver e correm o risco de cetoacidose. Nesta última fase da doença, a descarga de insulina é praticamente nula, como demonstram os níveis baixos ou imperceptíveis de péptido C plasmático. A diabetes intercedida invulnerável ocorre normalmente na juventude e na juventude; no entanto, pode ocorrer em qualquer idade, mesmo no oitavo e nono anos de vida. A demolição do sistema imunológico das células B tem inúmeras inclinações hereditárias e também é identificada com componentes naturais que ainda estão inadequadamente caracterizados. Apesar do fato de que os pacientes raramente são robustos quando apresentam esse tipo de diabetes, a proximidade da robustez não é incongruente com a análise. Esses pacientes são adicionalmente inclinados a outros problemas do sistema imunológico, por exemplo, doença de Graves, tireoidite de Hashimoto, infeção de Addison, vitiligo, espru celíaco, hepatite do sistema imunológico, miastenia gravis e diabetes idiopática por deficiência de ferro vingativo. Alguns tipos de diabetes tipo 1 têm etiologia desconhecida. Alguns destes doentes têm insulinopénia imutável e tendência para a cetoacidose, mas não têm provas de autoimunidade. Embora apenas uma minoria dos doentes com diabetes de tipo 1 se enquadre nesta classe, a maioria é de origem africana ou asiática. As pessoas com este tipo de diabetes sofrem os efeitos nocivos da cetoacidose e apresentam graus variáveis de insuficiência de insulina entre as cenas. Este tipo de diabetes é inequivocamente adquirido, necessita de provas imunológicas para a autoimunidade das células B e não está relacionado com o HLA. [15]

Diabetes tipo 2:

Este tipo de diabetes, que representa 90-95% das pessoas com diabetes, anteriormente designada por diabetes sem insulina, diabetes de tipo 2 ou diabetes de início na idade adulta, inclui pessoas com resistência à insulina e, na sua maioria, com insuficiência relativa (em oposição à suprema) de insulina, pelo menos no início e, frequentemente, durante toda a vida, estas pessoas não necessitam de tratamento com insulina para sobreviver. É muito provável que haja uma grande variedade de razões para este tipo de diabetes. Apesar de não se conhecerem as etiologias específicas, não ocorre a aniquilação das células B pelo sistema imunitário e os doentes não têm nenhuma das razões alternativas para a diabetes registadas acima ou abaixo. A maioria dos doentes com este tipo de diabetes são gordos, e a própria gordura causa um certo nível de resistência à insulina. Os doentes que não são gordos de acordo com os critérios de peso convencionais podem ter uma taxa alargada de quocientes de músculo/gordura dispersos predominantemente na região do estômago. Neste tipo de diabetes, a cetoacidose ocorre por vezes de forma súbita; quando se verifica, surge, regra geral, associada à preocupação com outra doença, por exemplo, uma doença. Este tipo de diabetes passa habitualmente despercebido durante muito tempo, uma vez que a hiperglicemia cresce continuamente e, em fases anteriores, não é regularmente suficientemente grave para que o doente veja qualquer um dos grandes indícios de diabetes. Em pouco tempo, esses pacientes correm o risco de criar complexidades vasculares e microvasculares em grande escala. Embora os doentes com este tipo de diabetes possam ter níveis de insulina que parecem normais ou elevados, os níveis mais elevados de glucose no sangue nestes doentes diabéticos seriam de esperar que provocassem valores de insulina consideravelmente mais elevados se a sua capacidade de células B fosse típica. Desta forma, a descarga de insulina é defeituosa nestes doentes e não se ajusta à resistência à insulina. A resistência à insulina pode aumentar com a diminuição do peso, bem como com o tratamento farmacológico da hiperglicemia, no entanto, é de tempos a tempos restabelecida para o normal. O perigo de desenvolver este tipo de diabetes aumenta com a idade, o peso e a ausência de movimento físico. Ocorre tanto mais frequentemente quanto possível em mulheres com DMG anterior e em pessoas com hipertensão ou dislipidemia, e sua recorrência muda em vários subgrupos raciais / étnicos. Está frequentemente associada a uma inclinação hereditária sólida, mais do que o tipo de diabetes de tipo 1 do sistema imunitário. Seja como for, as características hereditárias deste tipo de diabetes são desconcertantes e não estão completamente caracterizadas[15]

Critérios de diagnóstico da diabetes mellitus:

A deteção da diabetes tem-se baseado em critérios de glucose, quer a glucose plasmática em jejum

(FPG), quer o teste oral de tolerância à glucose de 75 g (OGTT). Em 1997, o principal Comité de Peritos para o Diagnóstico e Classificação da Diabetes Mellitus modificou os critérios indicativos, utilizando a relação observada entre os níveis de FPG e a proximidade da retinopatia como o elemento-chave para reconhecer o nível de glicose limite. O Comité inspeccionou informações de três revisões epidemiológicas transversais que analisaram a retinopatia com fotografia do fundo do olho ou oftalmoscopia direta e mediram a glicemia como FPG, PG de 2 horas e A1C. Estas revisões mostraram níveis glicémicos abaixo dos quais a retinopatia comum era mínima ou acima dos quais a predominância da retinopatia se expandia de forma claramente direta. Os decis das três medidas a partir dos quais a retinopatia começou a aumentar foram os mesmos para cada medida em cada população. Além disso, os valores glicémicos acima dos quais a retinopatia se expandia eram comparativos entre as populações. Estas investigações confirmaram a estimativa de glicose plasmática pós-prandial sintomática de longa data de >200 mg/dl (11,1 mmol/l). Seja como for, verificou-se que o objetivo de corte indicativo de FPG mais estabelecido de 140 mg/dl (7,8 mmol/l) reconhece muito menos pessoas com diabetes do que o ponto de corte de PG de 2 horas. O corte indicativo de FPG foi diminuído >126 mg/dl (7,0 mmol/l).

A HbA1C é um marcador de glicemia incessante geralmente utilizado, que reflecte níveis normais de glicose no sangue durante um período de 2 a 3 meses. O teste assume um papel fundamental na gestão do doente com diabetes, uma vez que corresponde bem às complexidades microvasculares e, em menor grau, macrovasculares e é geralmente utilizado como biomarcador padrão para a suficiência da gestão glicémica. Os Comités de Peritos anteriores não prescreveram a utilização da HbA1C para a análise da diabetes, em parte devido à ausência de institucionalização da medida. Em todo o caso, os testes de HbA1C estão atualmente profundamente institucionalizados, de modo a que os seus resultados possam ser ligados de forma consistente, tanto de forma transitória como transversal às populações.

No seu relatório atual, um Comité Internacional de Peritos, após um amplo estudo de provas epidemiológicas estabelecidas e em desenvolvimento, prescreveu a utilização do teste HBA1C para analisar a diabetes, com um limite de >6,5%, e a ADA insiste nesta escolha. O objetivo de corte sintomático da HbA1C de 6,5% está relacionado com um ponto de entoação para a frequência da retinopatia, tal como os limites analíticos para a glicose plasmática em jejum (FPG) e a glicose plasmática pós-prandial. O teste sintomático deve ser realizado utilizando uma técnica que seja assegurada pelo National Glycohemoglobin Standardization Program (NGSP) e institucionalizada ou rastreável ao exame de referência do Diabetes Control and Complications Trial. Os testes de HbA1C para fins de cuidados de saúde não são adequadamente exactos para serem utilizados para fins indicativos. Existe uma lógica inata para a utilização de um marcador de disglicemia mais incessante do que intenso, especialmente porque a HbA1C é, a partir de agora, geralmente bem conhecida dos clínicos como um marcador de controlo glicémico. Além disso, a HbA1C tem alguns pontos focais em relação à FPG, incluindo um conforto mais proeminente, uma vez que o jejum não é obrigatório, provas que propõem uma solidez pré-analítica mais notável e menos irritações diárias em períodos de stress e doença.

Do mesmo modo, a HbA1C pode iludir os doentes com tipos específicos de deficiência de ferro e hemoglobinopatias, que podem igualmente ter circulações étnicas ou geográficas interessantes. Para os doentes com uma hemoglobinopatia, mas com uma renovação típica dos glóbulos vermelhos, por exemplo, caraterística das células falciformes, deve ser utilizado um exame de A1C sem obstrução de hemoglobinas invulgares. Para condições com renovação invulgar dos glóbulos vermelhos, por exemplo, fragilidade por hemólise e insuficiência de ferro, a análise da diabetes deve utilizar apenas critérios de glucose.

Os critérios de glucose estabelecidos para a conclusão da diabetes continuam a ser substanciais, incluindo o FPG e o PG de 2 horas. Além disso, os doentes com hiperglicemia extrema, por exemplo, os indivíduos que apresentam efeitos secundários hiperglicémicos graves ou uma emergência hiperglicémica, podem continuar a ser analisados quando é detectada uma glicose plasmática arbitrária (ou fácil) de >200 mg/dl (11,1 mmol/l). É provável que, nestes casos, o profissional de saúde avalie igualmente um teste de HbA1C como um aspeto importante da avaliação subjacente da gravidade da diabetes e que, em regra, esteja acima do ponto de corte sintomático da diabetes. Seja como for, na diabetes de evolução rápida, por exemplo, a progressão da diabetes de tipo 1 em algumas crianças, a HbA1C pode não ser essencialmente elevada, apesar de a diabetes ser pouco grave. Da mesma forma que existe uma concordância inferior a 100% entre os testes FPG e PG de 2 horas, não existe uma concordância total entre a HbA1C e qualquer um dos testes baseados na glucose. A análise dos dados do NHANES demonstra que, na expetativa de um rastreio completo dos não descobertos, o objetivo de corte da HbA1C de 6,5% reconhece menos 33% de casos de diabetes não descoberta do que um objetivo de corte da glicemia em jejum de 126 mg/dl (7,0 mmol/l). Seja como for, uma parte substancial da população com diabetes de tipo 2 não é informada do seu estado.

Desta forma, é possível que a menor afetação da HbA1C no ponto de corte atribuído seja contrabalançada pelo sentido comum mais notável do teste, e que a utilização mais extensiva de um teste mais vantajoso (HbA1C) possa realmente expandir a quantidade de descobertas feitas. Adicionalmente, espera-se que a investigação descreva melhor os doentes cujo estado glicémico pode ser classificado de forma diferente por dois testes únicos (por exemplo, FPG e HbA1C), adquiridos em datas próximas. Este conflito pode resultar da flutuação das estimativas, da alteração ao fim de algum tempo ou do facto de a HbA1C, a FPG e a glicose pós-desafio medirem diversos procedimentos fisiológicos. No caso de uma HbA1C elevada, mas de um FPG "não diabético", pode estar disponível a probabilidade de níveis de glicose pós-prandiais mais proeminentes ou de taxas de glicação mais elevadas para um determinado nível de hiperglicemia.

Na situação inversa (FPG elevado mas HbA1C abaixo do ponto de corte da diabetes), pode estar disponível um aumento da produção hepática de glucose ou taxas de glicação mais baixas. Tal como acontece com a maioria dos testes sintomáticos, o resultado de um teste demonstrativo de diabetes deve ser repetido para evitar erros laboratoriais, a não ser que a conclusão seja segura por motivos clínicos, por exemplo, um doente com efeitos secundários exemplares de hiperglicemia ou emergência hiperglicémica. É preferível que um teste semelhante seja repetido para afirmação, uma vez que haverá uma probabilidade de simultaneidade mais notável para esta situação. Por exemplo, se a HbA1C for de 7,0% e o resultado da repetição for de 6,8%, afirma-se a conclusão de diabetes. Seja como for, há situações em que os efeitos secundários de dois testes distintos (por exemplo, FPG e HbA1C) são acessíveis para um doente semelhante.

Nesta circunstância, se os dois testes únicos estiverem ambos acima dos limites analíticos, a conclusão da diabetes é confirmada. Por outro lado, quando dois testes únicos são acessíveis num indivíduo e os resultados são dissonantes, o teste cujo resultado está acima do ponto de corte demonstrativo deve ser repetido e a análise é feita com base no teste afirmado.

Ou seja, se um doente satisfaz os critérios de diabetes com a HbA1C (dois resultados 6,5%) mas não com a FPG (126 mg/dl ou 7,0 mmol/l), ou o inverso, esse indivíduo deve ser considerado como tendo diabetes. De facto, na maior parte das situações, o teste "não diabético" situar-se-á provavelmente num intervalo próximo do limite que caracteriza a diabetes. Uma vez que existe a possibilidade de alteração pré-analítica e lógica de um número considerável de testes, é adicionalmente concebível que, quando um teste cujo resultado estava acima do limite sintomático é reanalisado, a segunda estimativa fique abaixo do ponto de corte demonstrativo. Isto é mais estranho para a HbA1C, mais provável para a FPG e, com toda a probabilidade, para o nível de glucose no plasma pós-prandial. Apesar de um erro do centro de investigação, é provável que estes doentes apresentem resultados de testes próximos do limite para um resultado. O profissional de serviços humanos pode optar por cuidar do doente e refazer os testes dentro de 3-6 meses. A escolha do teste a utilizar para avaliar a diabetes num determinado doente deve ser feita com o cuidado do profissional de saúde, tendo em conta a acessibilidade e a razoabilidade de testar um doente individual ou um grupo de doentes. Talvez mais imperativo do que o teste sintomático utilizado, é que o teste para a diabetes seja efectuado quando indicado. Existem provas debilitantes que demonstram que numerosos doentes em risco ainda não fazem testes suficientes e não recebem orientação para esta infeção inegavelmente regular, ou para a maior parte das vezes que está associada a componentes de risco cardiovascular[16]

Diagnóstico de diabetes mellitus gestacional (GDM):

A DMG acarreta perigos para a mãe e para o recém-nascido. A hiperglicemia e os resultados de uma gravidez pouco amigável (HAPO) contemplam[17] , uma revisão epidemiológica multinacional em grande escala (25.000 mulheres grávidas), mostrou que o perigo de resultados antagónicos maternos, fetais e neonatais aumentou persistentemente como um componente da glicemia materna às 24-28 semanas, mesmo dentro de extensões anteriormente vistas como típicas da gravidez. Para a maior parte das complexidades, não se verificou qualquer vantagem em termos de risco. Estes resultados levaram a uma reavaliação cautelosa dos critérios indicativos de GDM. Após reflexões em 2008-2009, o IADPSG, um grupo de acordo global com agentes de diferentes associações obstétricas e de diabetes, incluindo a ADA, criou sugestões alteradas para o diagnóstico de DMG. A reunião prescreveu que todas as mulheres que não sabiam ter diabetes experimentassem um OGTT de 75 g às 24-28 semanas de incubação. Além disso, a reunião criou focos de corte sintomáticos para as estimativas de glicose plasmática em jejum, 1 hora e 2 horas que passaram em uma proporção de chances para resultados hostis de não menos que 1,75 contrastados e mulheres com níveis médios de glicose no ponderador HAPO. Técnicas actuais de rastreio e análise, tendo em conta a articulação (IADPSG). [18]

Os novos critérios irão fundamentalmente expandir a predominância da DMG, basicamente porque apenas uma única estima anómala, e não duas, é adequada para fazer a conclusão. A ADA considera que o enorme aumento previsto na taxa de DMG será analisado por estes critérios e está preocupada com a "medicalização" de gravidezes previamente organizadas como seria de esperar. Estas alterações dos critérios analíticos estão a ser feitas tendo em conta os preocupantes aumentos globais das taxas de corpulência e de diabetes, com o objetivo de melhorar os resultados gestacionais das mulheres e dos seus filhos. Na verdade, há algumas informações de ensaios clínicos randomizados em relação a intercessões restauradoras em mulheres que agora serão determinadas como tendo GDM à luz de apenas uma única estimativa de glicose no sangue sobre os focos de corte predeterminados (em vez dos critérios mais estabelecidos que estipulavam não menos que duas qualidades incomuns). A antecipação das vantagens para as suas gravidezes e para a sua posteridade é obtida a partir de ensaios de intercessão que se concentraram em mulheres com hiperglicemia mais suave do que as distinguidas utilizando critérios sintomáticos de DMG mais estabelecidos e que descobriram vantagens humildes[19,20]

A recorrência do seu desenvolvimento e a observação da glucose no sangue ainda não são claras, mas tendem a ser menos concentradas do que as mulheres analisadas pelos critérios mais experientes. Espera-se que sejam efectuadas análises clínicas mais aprofundadas para decidir o poder ideal de observação e tratamento das mulheres com DMG analisadas pelos novos critérios (que não corresponderiam ao significado anterior de DMG). É fundamental notar que 80-90% das mulheres em ambos os GDM suaves contemplam (cujos valores de glicose cobertos com os limites prescritos neste) poderiam ser tratados apenas com o tratamento do modo de vida.

Complicação da Diabetes mellitus:

Complicações agudas

Estes incluem a cetoacidose diabética (CAD) e o estado hiperosmolar não cetótico (NKHS). Enquanto o primeiro é observado essencialmente em pessoas com DM tipo 1, o último é comum em pessoas com DM tipo 2. Ambos os distúrbios estão relacionados com a falta de insulina total ou relativa, exaustão de volume e alteração do estado mental. Na cetoacidose diabética, a insuficiência de insulina consolida-se com a abundância de hormonas contra-administrativas (glucagon, catecolaminas, cortisol e hormona do desenvolvimento). A proporção diminuída de insulina em relação ao glucagon promove a gluconeogénese, a glicogenólise e o desenvolvimento de corpos cetónicos no fígado e, além disso, aumenta a gordura insaturada livre e o transporte de aminoácidos da gordura e do músculo para o fígado. A cetose ocorre devido a um aumento acentuado da descarga de gorduras insaturadas livres dos adipócitos devido à expansão da lipólise. Na cetoacidose diabética, é frequente a ocorrência de enjoos e regurgitação. A dormência e o desânimo do SNC podem avançar para um estado de transe na cetoacidose diabética extrema. O edema cerebral é uma confusão genuína de grande grau vista com a maior frequência possível em crianças. O NKHS é mais frequentemente encontrado em pessoas idosas com DM tipo 2. Os seus elementos mais inconfundíveis incluem poliúria, hipotensão ortostática e uma variedade de efeitos secundários neurológicos, incluindo alteração do estado mental, preguiça, obtundação, convulsão e, potencialmente, estado de transe. A falta de insulina e a admissão insuficiente de líquidos são as razões ocultas da NKHS. A falta de insulina leva à hiperglicemia, que inicia uma diurese osmótica que leva a uma exaustão significativa do volume intravascular.

Complicações crónicas

As complexidades incessantes da diabetes mellitus influenciam numerosas estruturas orgânicas e são responsáveis pela maior parte da fragilidade e da mortalidade. As complexidades constantes podem ser divididas em envolvimentos vasculares e não vasculares. As complexidades vasculares são ainda subdivididas em microvasculares (retinopatia, neuropatia e nefropatia) e confusões macrovasculares (doença da via de abastecimento coronário, doença vascular periférica e doença cerebrovascular). Os inconvenientes não vasculares incorporam problemas, por exemplo, gastroforese, rutura sexual e alterações na pele. Como resultado de seus infinitos envolvimentos, o DM é a razão mais amplamente reconhecida para a deficiência visual em adultos, uma variedade de neuropatias enfraquecidas e problemas cardíacos e cerebrais.

Ao longo da duração da diabetes, a hiperglicemia intracelular provoca anomalias na circulação sanguínea e uma maior penetrabilidade vascular. Isto reflecte a diminuição da ação dos vasodilatadores, por exemplo, o óxido nítrico, o aumento do movimento dos vasoconstritores, por exemplo, a angiotensina II e a endotelina-1, e a elaboração de variáveis de porosidade, por exemplo, a figura de desenvolvimento endotelial vascular (VEGF). Em condutas diabéticas, a rutura endotelial parece incluir tanto a resistência à insulina, particular à via da fosfotidilinositol-3- OH quinase, como a hiperglicemia.

Retinopatia diabética

A retinopatia diabética ocorre em 3/4 de todas as pessoas com diabetes há mais de 15 anos e é a causa mais reconhecida de deficiência visual. Surgem feridas vasculares na retina de gravidade crescente, que se transformam no desenvolvimento de novos vasos.

A retinopatia diabética é caracterizada por duas fases: não proliferativa e proliferativa. A fase não-proliferativa aparece tardiamente na década principal ou mesmo na segunda década de doença e é caracterizada por microneurismas vasculares da retina, hemorragias e manchas de algodão e incorpora a perda de pericitos da retina, maior penetrabilidade vascular da retina, modificações na corrente sanguínea e microvasculatura anómala da retina, que levam à isquemia da retina. Na retinopatia proliferativa existe a presença de neovascularização devido à hipoxia da retina. Os vasos recém-formados podem aparecer no nervo ótico ou potencialmente na mácula e rebentar efetivamente, levando à drenagem do vítreo, à fibrose e, por fim, à separação da retina[21]

Nefropatia

Surpreendentemente, cerca de uma parte dos diabéticos tem algum nível de neuropatia, que pode ser polineuropatia, mononeuropatia ou, potencialmente, neuropatia autonómica. Na polineuropatia, há perda da sensação de franja que, quando combinada com a intersecção microvascular e macrovascular enfraquecida na periferia, pode levar à formação de úlceras não recuperáveis, a principal fonte de remoção não traumática. Verifica-se um espessamento dos axónios, uma diminuição dos microfilamentos e um estreitamento delgado, incluindo pequenos filamentos C mielinizados ou não mielinizados. Pode ocorrer tanto por lesões directas no parênquima nervoso, provocadas pela hiperglicemia, como por isquemia neuronal que leva a anomalias dos microvasos, por exemplo, iniciação de células endoteliais, degeneração de pericitos, espessamento da película basal e fixação de monócitos. A mononeuropatia é menos básica do que a polineuropatia e incorpora a rutura de nervos cranianos ou marginais desactivados. A neuropatia autonómica pode incluir vários quadros, incluindo os cardiovasculares, gastrointestinais, geniturinários e metabólicos. [22]

Esta é uma razão digna de nota para a infeção renal terminal. Existem variações hemodinâmicas glomerulares em relação à norma que provocam uma hiperfiltração glomerular, levando a uma lesão glomerular comprovada pela microalbuminúria. Existe uma proteinúria evidente, uma diminuição da taxa de filtração glomerular e uma deceção renal terminal. A rutura do aparelho de filtração glomerular é demonstrada pela microalbuminúria e é atribuída a alterações na amálgama e no catabolismo de diferentes macromoléculas da camada celular da tempestade glomerular, por exemplo, colagénio e proteoglicanos, levando a uma expansão do espessamento das células glomerulares. Outro sistema concebível para esclarecer a expansão da penetrabilidade do glomérulo é a expansão dos níveis renais de VEGF observada em modelos pré-clínicos de diabetes, uma vez que o VEGF é uma figura angiogénica e de porosidade. (23)

Suscetibilidade à infeção na Diabetes mellitus:

A frequência das doenças é maior em doentes diabéticos do que em doentes não diabéticos '(2427) A investigação imunológica demonstrou algumas deformações nos instrumentos de proteção invulnerável do hospedeiro em indivíduos diabéticos. As capacidades fagocitárias dos neutrófilos polimorfos (PMN) são desfavoravelmente influenciadas pela hiperglicemia em modelos de roedores. (28) Alguns abandonos de PMN ocorrem em indivíduos diabéticos, incluindo relocalização debilitada, fagocitose, execução intracelular e quimiotaxia (29) que pode ser devido à diminuição da suavidade da película de PMN. (30) As deformações imunológicas somadas, por exemplo, levantam a dúvida de que os doentes diabéticos podem estar sujeitos a um risco geral acrescido de doença. Para além das debilitações resumidas da invulnerabilidade, outros elementos não imunológicos e anatomicamente particulares podem contribuir para uma maior probabilidade de doença. A doença macrovascular e a rutura microvascular podem provocar uma troca de curso nas proximidades, levando a uma reação adiada à doença (31) e a um enfraquecimento da reparação de lesões. (32) A ignorância da lesão do limite inferior devido à neuropatia tangível pode levar à falta de consideração por lesões menores e, consequentemente, a uma maior probabilidade de contaminação. (33) A exaustão fragmentada da bexiga devido à neuropatia autonómica permite a colonização urinária por microorganismos.(34,35) A concentração elevada de glicose na urina favorece o desenvolvimento de alguns microrganismos. (36)

Infeção do trato urinário:

Alguns tipos de infeção do trato urinário ocorrem habitualmente em doentes diabéticos. Estes incluem, para além da gravidade clínica crescente, bacteriúria assintomática, cistite, cistite enfisematosa, pielonefrite, pielonefrite enfisematosa e furúnculo perinéfrico. Considera-se normalmente que a bacteriúria assintomática é enorme se $>10^5$ províncias de microrganismos por ml se desenvolverem numa cultura de urina sem efeitos secundários de cistite) disúria, recorrência, desespero). Pensa-se que algumas infecções graves e menos básicas do trato urinário ocorrem de vez em quando na diabetes. (307 A predominância de bacteriúria em indivíduos diabéticos e não diabéticos. A duração mais longa da diabetes, mas não o controlo da glicose, está relacionada com a frequência da bacteriúria, que aumentou 1,9 vezes por cada aumento de 10 anos na duração da diabetes.[38-50]

Infeção do trato respiratório:

A infeção do trato respiratório (ITR) é uma das principais fontes de tristeza, mortalidade e custo dos cuidados de saúde em todo o mundo. Juntamente com a gripe, a pneumonia é a oitava causa de morte nos Estados Unidos e a causa de morte mais frequente devido a uma doença irresistível.[51] Na década anterior, as hospitalizações por pneumonia aumentaram 20 vezes em metade nas populações ocidentais '[5255] Ao nível da população, os doentes com diabetes podem ser mais impotentes para as IRA devido a vários sistemas. Estes incluem idade mais avançada, modo de vida infeliz, por exemplo, tabagismo e abuso de bebidas alcoólicas, uma capacidade invulnerável em geral diminuída, maior risco de golos devido à gastroparesia diabética, talvez trabalho pulmonar deficiente e microangiopatia aspiratória, e comorbidade de visita como deceção renal, grito de derrame e deceção cardíaca incessante.[56,57]

Foi encontrada uma percentagem de 14% de diabéticos numa situação de 185 indivíduos com bacteriemia por *S. aureus.* [58] É incerto se as pessoas diabéticas estavam sobre-representadas neste arranjo, uma vez que a extensão da diabetes em indivíduos não bacterémicos não foi expressa.

A taxa de mortalidade devido a bacteriémia nos doentes diabéticos (69%) ultrapassou a dos doentes não diabéticos (38%).[59] A prevalência da bacteriémia provocada por *S. aureus* e formas de vida entéricas nos diabéticos ultrapassou largamente a dos não diabéticos (3,0% contra 0,12% para *S. aureus;* 1,0% contra 0,3% para *Enterobacteriaceae').* Foram encontradas taxas de mortalidade comparativas em doentes diabéticos e não diabéticos (13,0% versus 14,9%). Este exame é suscetível de algumas inclinações potenciais, incluindo a dependência do registo terapêutico para avaliar o estado da diabetes, o que muito provavelmente depreciou a generalidade da diabetes e a não incorporação de casos de bacteriemia não hospitalizados que ocorreram na região geográfica considerada. As taxas de mortalidade devido a bacteriémia por *S. aureus* foram analisadas em 27 doentes diabéticos e 34 não diabéticos num foco de tratamento.[60] As taxas de mortalidade foram bastante mais baixas nos doentes com diabetes (25,9% versus 44,1%), mas a distinção não foi factualmente digna de nota. Em 612 doentes bacteriémicos ($p<0,05$), verificou-se uma mortalidade totalmente superior nos doentes diabéticos, mas não foram fornecidas taxas de mortalidade genuínas.[61] Taxas de mortalidade comparáveis ocorreram em 124 casos de bacteriémia em doentes diabéticos e 508 casos em doentes não diabéticos (28% e 29%).[62]

Infeção da pele:

Ao contrário da maioria das infecções, vários estudos controlados abordaram a questão de saber se os doentes com diabetes apresentam taxas mais elevadas de infeção da ferida cirúrgica. O National Academy of Sciences-National Research Council Cooperative Study encontrou uma taxa semelhante, ajustada à idade, de infeção da ferida cirúrgica em 354 indivíduos diabéticos (7,2%), em comparação com indivíduos não diabéticos (7,1%).[(63)] Foram observadas taxas de infeção semelhantes para operações ortopédicas limpas efectuadas em 203 indivíduos diabéticos e 3.414 indivíduos não diabéticos, emparelhados por idade, sexo e duração da operação (3,4% versus 3,6%).[(64)] Por outro lado, num estudo de 23.649 feridas cirúrgicas de uma variedade de procedimentos operatórios, a taxa de infeção de feridas limpas não ajustada foi de 10,7% para a diabetes, em comparação com 1,8% em geral.[(65)] A taxa de infeção da ferida em indivíduos submetidos a substituição total da anca foi de 11% em 42 doentes diabéticos, em comparação com 2% em 1.180 doentes não diabéticos com idade semelhante.[(66)] Foi encontrada uma taxa combinada mais elevada de infeção da ferida do esterno, perna ou acesso vascular em 146 doentes diabéticos que tinham sido submetidos a cirurgia de revascularização do miocárdio (CABG), em comparação com 565 indivíduos não diabéticos (7,5% versus 0,9%).[(67)] estes dois grupos eram semelhantes no que diz respeito à idade média, mas o índice de massa corporal médio (uma medida de obesidade) era ligeiramente superior nos indivíduos diabéticos (28,7 versus 26,6).[(68-70)]

Úlcera do pé diabético:

O pé diabético é um destaque entre as complexidades mais genuínas da diabetes e é a principal fonte de hospitalização em doentes diabéticos. O pé diabético é descrito por alguns inconvenientes neuróticos, por exemplo, doença vascular da franja, neuropatia, ulceração do pé e doença com ou sem osteomielite, levando à melhoria da gangrena e até à remoção do apêndice.[(71,72)]

As úlceras do pé diabético foram classificadas segundo a classificação de Wagner e o sistema de classificação de feridas da Universidade do Texas.[(73)]

Classificação de Wagner das úlceras do pé diabético.[(73)]

Grau 0: nenhuma úlcera num pé de alto risco.

Grau 1: úlcera superficial que envolve toda a espessura da pele, mas não os tecidos subjacentes.

Grau 2: úlcera profunda, penetrando até aos ligamentos e músculos, mas sem envolvimento ósseo ou formação de abcessos.

Grau 3: úlcera profunda com celulite ou formação de abcesso, frequentemente com osteomielite.

Grau 4: gangrena localizada.

Grau 5: gangrena extensa que envolve todo o pé.

Sistema de classificação de feridas da Universidade do Texas para úlceras do pé diabético

Grau IA: ulceração superficial não infetada e não isquémica.

Grau IB: ulceração superficial infetada e não isquémica.

Grau IC: ulceração superficial isquémica, não infetada.

Grau ID: ulceração superficial isquémica e infetada.

Grau IIA: úlcera não infetada, não isquémica, que penetra na cápsula ou no osso.

Grau IIB: úlcera infetada, não isquémica, que penetra na cápsula ou no osso.

Grau IIC: úlcera isquémica, não infetada, que penetra na cápsula ou no osso.

Grau IID: úlcera isquémica e infetada que penetra na cápsula ou no osso. **Grau IIIA:** úlcera não infetada e não isquémica que penetra no osso ou num abcesso profundo.

Grau IIIB: úlcera infetada, não isquémica, que penetra até ao osso ou um abcesso profundo.

Grau IIIC: úlcera isquémica, não infetada, que penetra até ao osso ou um abcesso profundo.

Grau IIID: úlcera isquémica e infetada que penetra até ao osso ou um abcesso profundo.

Fisiopatologia:

Isto é genuíno apesar do facto de, de vez em quando, a lesão poder ter terminado antes da introdução da DFI[(74)] Várias análises observacionais mostraram que as DFIs têm uma natureza multifatorial. Está enraizado que a insuficiência de insulina (total ou relativa) é a premissa das anormalidades bioquímicas que levam aos inconvenientes naturais da diabetes mellitus[(75)] (em particular, neuropatia) e às deficiências orgânicas de recuperação e recuperação de tecidos. Foi igualmente estabelecido que um controlo glicémico impecável e constante, quer com insulina, quer com operadores orais, impede[(76)] e presumivelmente recaídas[(77)] estas complicações.

Os DFIs resultam de uma cooperação surpreendente de duas variáveis de risco dignas de nota: neuropatia e doença vascular periférica. A neuropatia, tanto simétrica como respectiva, assume a parte principal com graus variáveis de alterações nas capacidades autonómicas, tácteis e motoras. Uma parte opcional é a doença vascular periférica que surge devido à aterosclerose (Figura 1). Cerca de 50 a 60% de todas as DFIs podem ser delegadas como neuropáticas. Os sinais ou efeitos secundários de uma barganha vascular são observados em 40 a metade de todos os doentes, sendo que a grande maioria tem úlceras neuro-isquémicas e apenas uma minoria dos doentes tem simplesmente úlceras isquémicas.[(78)]

Neuropatia:

A neuropatia diabética da franja surge devido a alterações degenerativas dos axónios e influencia todos os filamentos nervosos, embora em circunstâncias diferentes. Os filamentos nervosos autonómicos não mielinizados são influenciados desde o início, provocando a auto-simpatectomia com a consequente calcificação do corredor médio (calcificação de Monck berg), rutura termorreguladora microvascular e derivação arteriovenosa.[79] A calcificação de Monck berg, de modo algum semelhante à aterosclerose, não diminui a largura interna dos vasos sanguíneos. O fluxo não intrusivo pensa sobre [80] exibiu uma hiperperfusão do pé, particularmente dos tecidos profundos, enquanto as estimativas do peso transcutâneo do oxigénio demonstraram uma isquemia epidérmica relativa subsequentemente à rutura microvascular e ao desvio arteriovenoso. [81] A neuropatia autonómica pode provocar uma anidrose que leva à secura da pele, a fissuras e a fissuras. Isto pode constituir uma porta de passagem para organismos microscópicos[82] Ao contrário da concetualização tradicional, é absolutamente fundamental perceber que a maioria das pessoas diabéticas tem circulação suficiente e importante para a cura. [80] Neste período de tempo, em que a insuficiência autonómica se sobrepõe, há clinicamente um pé quente e túrgido que resulta fisiologicamente. Pouco tempo depois, diferentes tipos de neuropatia começam a sobrepor-se de forma distinta. A neuropatia tangível começa com uma alodinia material ineficazmente suportada e uma hiperalgesia quente. À medida que os filamentos mielinizados continuamente mais espessos são influenciados, estes avançam para uma perda de sensação alvo e quebra proprioceptiva.[83] A neuropatia do motor surge devido à degeneração axonal dos filamentos mielinizados expansivos do motor. Isto provoca a deterioração do músculo crural frontal ou o esbanjamento muscular inerente, o que leva a deformações do pé e à consequente biomecânica ajustada do pé com redistribuição do peso do pé. [82] À medida que a infeção avança, o pé revela-se clinicamente desumano e concebivelmente distorcido (dedos em gancho, dedos em martelo, cabeças metatarsais inconfundíveis, etc.).

Doença Arterial Frontal (DAP):

O principal pensamento a ter em conta é que a doença vascular do pé diabético se deve, de forma fiável, a uma aterosclerose apertada e aliterativa nos vasos do apêndice expansivo e não a uma infeção microvascular, como é geralmente aceite.[84] Esta confusão deve-se à conclusão hipotética de que a deficiência microvascular multifatorial diabética se aplica ao pé; em qualquer caso, mesmo o espessamento da camada basal praticamente generalizado não é suscetível de estar disponível nos vasos do pé. [85] A DM está relacionada com um risco quase 3 vezes maior de aterosclerose acelerada, que é histologicamente indistinguível da encontrada na população não diabética. [86] Isto sublinha a importância de reconhecer e supervisionar vigorosamente as variáveis de risco vascular relacionadas, por exemplo, a magreza, o tabagismo, a dislipidemia, a hipertensão e a conduta inativa. [87] A distinção significativa na população diabética é a circulação da doença, que tem tendência a ser simétrica com uma contribuição mais distal (tíbio-peroneal) e um poder de impedimentos e calcificação de porções longas[88] No momento em que a doença femoral está disponível, tem tendência a ser difusa sem uma única lesão central predominante. [86]

Ulceração:

A ulceração do pé diabético, quer neuropática quer isquémica, não ocorre espontaneamente. Normalmente ocorre após algum tipo de lesão externa ou congénita. [89] Embora as lesões externas possam incluir qualquer tipo de feridas quentes (por exemplo, queimaduras provocadas por água a alta temperatura), de mistura (por exemplo, área raspada de tratamentos de calosidades) ou mecânicas confinadas (por exemplo, ferimentos provocados por cortes de artigos remotos), o dano mais amplamente reconhecido que leva à ulceração é a lesão persistente de baixo peso, geralmente provocada por sapatos mal ajustados, e feridas provocadas por lesões incessantes e tediosas provocadas por passeios ou acções diárias. [90] As lesões naturais são também facilmente compreendidas, uma vez que resultam de desfigurações do pé (pé caído, equino, dedos em martelo e cabeças metatarsais plantares conspícuas) e da consequente biomecânica ajustada do pé. [91] Estas alterações do pé resultam da deterioração provocada pela neuropatia motora dos músculos característicos do pé.

Etiologia:

Os microrganismos necessários na etiologia das DFIs mudam consoante o tipo de infeção e as circunstâncias particulares do doente.[92,93] As doenças superficiais, por exemplo, a erisipela e a celulite, são geralmente provocadas por seres vivos gram-positivos, especialmente estreptococos beta-hemolíticos dos grupos A, B, C e G, e Staphylococcus aureus, individualmente. A infeção da úlcera é, em geral, polimicrobiana e mista, sendo os limites mais reconhecidos os organismos microscópicos gram-positivos e gram-negativos facultativos e anaeróbios, e *Candida* spp.[94,95]

A natureza multifacetada da vegetação descoberta aumenta com as afirmações do centro de cura, a duração clínica da úlcera e a profundidade/seriedade da lesão e a história de medicamentos antimicrobianos. Por vezes, as sociedades são negativas) 6-12%). Isto pode ser esperado, entre outras condições, pelo facto de os estudos microbiológicos serem realizados em testes enquanto o doente está a aceitar agentes antimicrobianos, os exemplos não são ilustrativos da doença, a estratégia microbiológica utilizada é inexistente ou porque não estão acessíveis estratégias com afetividade satisfatória. Nas doenças tardias, as sociedades são ainda mais comumente provocadas por uma forma de vida solitária e os organismos microscópicos mais amplamente descobertos incorporam *S. aureus, seguidos* por várias espécies de *Streptococcus.* Na infeção de longa duração, a parte de *S. aureus* e *Streptococci* ainda é vital, apesar do fato de que a taxa de sua recuperação é menor. Há uma expansão em estafilococos coagulase-negativos (CNS), *Enterococcus* spp, bacilos gram-negativos, especialmente *Pseudomonas aeruginosa* e anaeróbios.(95) Na Índia, revisões recentes demonstram que a taxa de separação de alguns tipos de Enterobacteriaceae e *P. aeruginosa é* equivalente ou mesmo superior à quantidade de *S. aureus*(96-98) Na infeção direta ou extrema de úlceras, utilizando inovações microbiológicas excecionalmente exigentes e em doentes que não receberam antimicrobianos, a separação de anaeróbios foi contabilizada em metade dos exemplos positivos, em regra na filiação. Foram separadas de 1 a 8 espécies bacterianas por teste, com uma média de 2,7 microrganismos por cada cultura. A pedido da recorrência, as formas de vida consumidoras de oxigénio e facultativas recuperadas incluíam *Staphylococcus aureus* resistente à meticilina (18,7%), CNS (15,3%), *Streptococcus* spp (15,5%), *Enterococcus* spp (13,5%), *Enterobacteriaceae* (12,8%), *Corynebacterium* spp (10,1%) e *P. aeruginosa* (13,5%). A presença de anaeróbios foi a seguinte: cocos gram-positivos (45,2%), *Prevotella* spp (13,6%), *Porphyromonas* spp (11,3%) e espécies distintas do agregado *Bacteroides fragilis* (10,2%). As diferenças observadas na bacteriologia das DFIs foram identificadas com o tipo de teste utilizado, a natureza da manipulação microbiológica, a proximidade ou não da doença, a gravidade, o tratamento antimicrobiano anterior e as variedades geográficas e fugazes. Numa análise que utilizou procedimentos subatómicos para examinar a etiologia de úlceras constantes contaminadas, o S. aureus foi o organismo microscópico mais reconhecido.(99)

Outras formas de vida de alto impacto e facultativas encontradas foram *Morganella morganii, Enterococcus faecalis, Citrobacter* spp e *Haemophilus* spp. Entre os anaeróbios, os mais reconhecidos foram: *Enterococcus* spp, *Bacteroides fragilis, Clostridium* spp, e *Veillonella* spp.(99) Nas doenças convolutas, uma revisão atual dirigida em Espanha indicou que são comparativas, com exceção da forma como houve uma maior extensão da etiologia monomicrobiana (59%). A maioria dos doentes tinha recebido anti-microbianos no mês anterior. Os seres vivos gram-positivos foram os mais recuperados, tanto nas sociedades monomicrobianas como polimicrobianas. Entre os bacilos gram-negativos, *as Enterobacteriaceae* dominavam os bacilos gram-negativos não-maturados. Os micróbios anaeróbios foram essencialmente isolados nas sociedades polimicrobianas. Por pedido de recorrência, as espécies mais recuperadas foram *S. aureus* (33%), *P. aeruginosa* (12%), *Escherichia coli* (8%) e *E. faecalis* (8%). Trinta e oito por cento das estirpes de *S. aureus* eram resistentes à meticilina (MRSA), o que implica que esta bactéria estava disponível em 12% dos espécimes clínicos destruídos. Na fasceíte necrotizante e na gangrena, os segregados mais reconhecidos são os cocos gram-positivos facultativos, as *enterobactérias,* os bacilos gram-negativos não fermentativos e os anaeróbios.(92,93)

Na osteomielite, um número substancial de testes efectuados por biópsia ou baliza são estéreis.

Naqueles em que se obtém o desenvolvimento bacteriano, encontram-se tipicamente duas espécies bacterianas, frequentemente apenas uma. Os microrganismos libertados são semelhantes aos encontrados nas úlceras incessantes. Numa análise atual, em cerca de metade de todos os casos foram segregados microrganismos gram-positivos, especialmente *S. aureus* sensível à meticilina e resistente, após uma separação do SNC, grupo *B-estreptococos, Enterococos* e *Corynebacterium.* Os bacilos Gram-negativos foram recuperados em apenas cerca de 40% dos casos, tendo *as Enterobacteriaceae* ultrapassado os bacilos não-maturados. Em cerca de 10% dos casos, os microrganismos eram anaeróbios. [100] Os microrganismos que se libertaram da infeção por DF podem ser multirresistentes. O tratamento anti-infecioso anterior, a duração do tratamento antimicrobiano, a recorrência de afirmações clínicas para uma lesão semelhante, o tempo de permanência no centro de tratamento, a proximidade de osteomielite[101] neuropatia e a estimativa de úlceras[102] foram considerados como componentes de risco dignos de nota. No que diz respeito a espécies bacterianas específicas, *o S. aureus* é o mais recuperado, tanto em infecções suaves como extremas, e também em doenças mais tardias e de longa duração. Em 20% dos casos, é destacada como uma cultura não adulterada. Esta forma de vida bloqueia a cura e coloniza incansavelmente as úlceras[99] especialmente na parte profunda e nos tecidos circundantes. [103] Imagina-se que, em muitas doenças, o *S. aureus* sensível à meticilina (MSSA), o MRSA e os *estreptococos* são os agentes patogénicos essenciais e que o tratamento centrado nestes agentes os curaria, com pouco respeito pelos organismos microscópicos relacionados. Este facto levou a que se planeasse a ideia do "Líder da Serpente" (cocos gram-positivos), segundo a qual, ao devastar o líder da serpente, o corpo seria executado (bacilos gram-negativos e anaeróbios). [104] Há relatos da presença de contrastes genómicos entre as estirpes colonizadoras e as que provocam a infeção. Nestas últimas, as qualidades de resistência aos aminoglicosídeos são mais normais[99] e as que codificam alguns determinantes de destrutividade.[95,105]

Um número crítico de *S. aureus* produz uma camada mucosa e uma aderência intercelular polissacárida[106] e uma taxa variável é resistente à meticilina. Numa auditoria de Eleftheriadou et al.,[107] as estirpes de MRSA representavam entre 15 e 30%, tendo sido identificadas tanto no centro de tratamento como no grupo. Em Espanha, e no pé diabético com infeção confusa, foram contabilizadas em 38%50. Para além disso, deve notar-se que a sua proximidade aumentou ao fim de algum tempo. [108] O risco de impermeabilidade à meticilina aumenta com a confirmação de instalações de tratamento anteriores, a duração da úlcera, a deceção renal incessante[95] proximidade de osteomielite, colonização nasal, utilização anterior de agentes anti-infecciosos e medida da úlcera. [107] A infeção por MSSA e MRSA é um grande indicador para a remoção de um limite.[109] O conhecimento da frequência próxima da resistência à meticilina é essencial para iniciar o tratamento antimicrobiano observacional. A afetividade do MRSA à vancomicina é questionável. A concentração inibitória mínima (CIM) expandiu-se (estirpes com resistência direta e elevada), existem limites de tolerância[101] e existem ainda numerosas falhas de correção em estirpes com CIM dentro da afectabilidade. [111] Entre os SNC, foi registado o confinamento de *S. epidermidis, S. lugdunensis, S. haemolyticus* e, menos frequentemente, de *S. auricularis, S. capitis, S. caprae, S. cohnii, S. hominis, S. schleiferi, S. sciuri, S. simulans, S. warneri* e *S. xylosus. O S. epidermidis* é tipicamente mais normal e o seu confinamento não está, na maioria das vezes, relacionado com o *S. aureus.)*[94]) A maioria das estirpes de *S. epidermidis* recuperadas de DFI apresentam uma camada mucosa e uma aderência intercelular de polissacáridos. [106] *O S. epidermidis* é tipicamente mais segregado em úlceras neuroisquémicas do que em úlceras neuropáticas. [112] *O Streptococcus agalactiae* é isolado na infeção por DF, mesmo em estruturas extremas, especialmente se houver desapontamento renal perpétuo, doença grave dos vasos sanguíneos, dependência de bebidas alcoólicas, excesso de peso e, adicionalmente, ocultação invulnerável.[113] O papel dos *Enterococos* é discutível, como confirma a grande reação clínica das úlceras com este microrganismo quando foram tratadas com ertapenem, um anti-infecioso ao qual têm resistência regular. [114] Num grande número de doentes, são detectados vários tipos de *Corynebacterium.*[94] Normalmente consideradas ineficazes do ponto de vista patogénico, as últimas reflexões genómicas demonstraram que são uma parte importante do biofilme de marca registada da infeção constante por DF. [115] *A P. aeruginosa,* uma bactéria que produz uma camada mucosa, é isolada na maioria das vezes e essencialmente em úlceras perpétuas de longa duração. [95] Geralmente, as condições que fazem avançar a maceração das úlceras são consideradas elementos de risco.

De um modo geral, é relatado um passado repleto de tratamento antimicrobiano no mês anterior.[96] A sua parte patogénica, tal como acontece com o *Enterococcus*, não é clara, uma vez que na infeção mista em que foi segregado, uma reação clínica comparativa foi contabilizada com ertapenem e piperacilina-tazobactam. [114] Tal como em diferentes doenças, as estirpes que libertam carbapenemases e são resistentes ao imipenem e ao meropenem estão desligadas. [115] Menos frequentemente, são recuperados outros bacilos não fermentadores, por exemplo, *Stenotrophomonas maltophilia, Alcaligenes faecalis* ou Acinetobacter spp.[97] Entre as *Enterobacteriaceae* separadas, *a Eschericchia* coli e *a Klebsiella* spp são transcendentes e podem ser desenvolvidas com uma gama de beta-lactamases (ESBL), um padrão que em algumas nações, por exemplo, a Índia está a desenvolver[98,102,116,117] onde chega a 44,7%.[102]

Em Espanha, 29% das estirpes de *Eschericchia* coli eram imunes à amoxicilina-clavulanato e à ciprofloxacina. *Enterobacter* cloacae, *Serratia marcescens* e *Citrobacter freundii* são igualmente recuperadas, espécies que criam betalactamase AmpC induzível codificada cromossomicamente, e *Proteus* spp, *Providencia* spp e *Morganella morgani*[94,96] com impermeabilidade caraterística à tigeciclina. As informações sobre a associação de crescimentos em DFIs são limitadas e gradativas. Yachts et al., apenas destacaram organismos em 0,4% dos separados[95] As próximas revisões foram à procura de organismos em doenças ulcerosas DF descobriram que as diferenças geológicas relacionadas com outros factores estão estampadas. Uma revisão conduzida na Croácia avaliou o confinamento de *Candida* spp em 4,3%. A espécie mais recuperada foi a *C. parapsilosis,* tipicamente associada a vários micróbios no contexto de uma infeção mista extrema.[118] Por outro lado, outra revisão efectuada na Índia descobriu crescimentos em 65% dos doentes. Em 77% dos casos foram detectadas leveduras, geralmente da família *Candida* (93%), especialmente *C. albicans* (49%), *C. tropicalis* (23%), *C. parapsilosis* (18%), *C. guillermondi* (5%) e *C. krusei* (5%). Os tipos alternativos de leveduras segregados foram *Trichosporon cutaneum* e *T. capitatum. Trichophyton* spp foi o principal dermatófito recuperado. Os bolores foram detectados em 38% dos doentes, particularmente *Aspergillus* spp (72%). *O Fusarium* solani, o *Penicillium marneffei* e o *Basidiobolus ranarum* foram igualmente detectados.[119]

Etiologia das infecções do pé diabético:

Infeção	**Microorganismos**
Celulite Erisipela	*Staphylococcus aureus* *Estreptococos* beta-hemolíticos *(A,* B, C e G)
Úlcera não tratada com antibióticos	*Staphylococcus aureus* Estreptococos beta-hemolíticos (A, B, C e G)
Úlcera tratada com antibióticos ou a longo prazo (geralmente polimicrobiana)	*Staphylococcus aureus* MRSA Estafilococos coagulase-negativos *Streptococcus* spp. *Enterococcus* spp. Enterobacteriaceae *Pseudomonas aeruginosa* Outros bacilos gram-negativos não fermentadores *Corynebacterium* spp. *Candida* spp.
Fasceíte necrotizante ou mionecrose (geralmente polimicrobiana)	Cocos gram-positivos anaeróbios *Enterobacteriaceae* Bacilos gram-negativos não fermentadores

	Anaeróbios

Controlo de Infecções:

A poluição bacteriana ou a colonização de um DFI não significa que este esteja contaminado. Todas as lesões são colonizadas e não existe um manual operacional sobre o nível de microrganismos que leva à patologia. A DFI deve ser analisada clinicamente tendo em conta a proximidade de emissões purulentas ou possivelmente dois efeitos secundários principais de agravamento (por exemplo, vermelhidão, calor, inchaço e tormento ou delicadeza). Seja como for, uma vez que os doentes com diabetes estão regularmente imunocomprometidos e negligenciam frequentemente uma reação fisiológica à doença, os clínicos devem procurar indicações auxiliares de contaminação, incluindo exsudados, cicatrização adiada, tecido de granulação friável, tecido de granulação manchado, odor desagradável, presença na base da lesão e rutura da ferida[120] As infecções nos pés diabéticos são geralmente polimicrobianas, incluindo na sua esmagadora maioria cocos gram-positivos consumidores de oxigénio. O Staphylococcus aureus é o agente patogénico mais conhecido encontrado em DFIs intermináveis e que não cicatrizam.[121,122] As melhores opções de tratamento podem ser feitas simplesmente após a decisão sobre a forma de vida causadora.

As sociedades de tecidos continuam a ser, desde há muito tempo, o nível de qualidade bacteriana mais elevado. Os exemplos de tecidos profundos criam resultados preferidos em relação aos esfregaços superficiais, particularmente quando há suspeita de osteomielite.[123] A biópsia quantitativa de amostras de tecido profundo não é geralmente funcional ou acessível. O desbridamento acentuado seguido de cultura utilizando o sistema Levine (a cultura é realizada em líquido retirado da lesão por meio de peso sobre a lesão) parece ser exato e previsível com a biópsia quantitativa.[124] O modo de vida em si não está implícito como uma forma de analisar a contaminação, mas sim como uma estratégia para distinguir tipos de formas de vida e sensibilidades anti-toxinas. Foram produzidos testes analíticos mais actuais, mas nem sempre acessíveis, com uma afetividade mais notável, que podem reconhecer melhor a infeção ou os agentes patogénicos em horas, em vez de dias.[121] Por exemplo, um exame de resposta em cadeia da polimerase pode distinguir formas de vida gram-positivas, gram-negativas e anaeróbias. Um grupo de oligonucleótidos pode distinguir as qualidades necessárias à resistência e aos venenos e pode igualmente reconhecer algumas espécies particulares pelo seu genótipo. Por fim, a ressonância magnética é um método crescente para distinguir a infeção em tecidos delicados e ossos. A osteomielite está frequentemente subjacente a uma DFI contaminada. O osso pode ser refinado, no entanto, estão disponíveis sistemas indicativos menos intrusivos, por exemplo, feixes de raios X, ressonância magnética ou tomografias de cubo processadas, sendo a ressonância magnética considerada o melhor teste não intrusivo. A osteomielite pode ser difícil de curar. Em qualquer altura que seja possível, o osso deve ser desbridado e deve seguir-se um tratamento com antitoxinas intravenosas durante 2 a 4 semanas. Por vezes, pode ser necessário pelo menos um mês e meio de tratamento.[123]

Tratamento das úlceras do pé diabético:

A Tabela 1. enumera as etapas do tratamento das úlceras do pé diabético.[125] As radiografias são necessárias para excluir osteomielite, formação de gás, presença de objectos estranhos e fracturas assintomáticas. Na minha opinião, qualquer pé com ulceração ou infeção deve ser radiografado.

Tabela 1.

Tratamento das úlceras do pé diabético

A. Avaliação

B. Profundidade de penetração

C. Radiografia

(1)Corpo estranho

(2)Osteomielite

(3)Gás subcutâneo

D. Localização

E. Biópsia

F. Fornecimento de sangue (estudos vasculares não invasivos)

II. Desbridamento, radical

III. Culturas bacterianas (aeróbias e anaeróbias)

IV. Controlo metabólico

V. Antibióticos

A. Oral

B. Parenteral

VI. Não molhar os pés

VII. Diminuir o edema

VIII. Sem suporte de peso

A. Repouso na cama

B. Muletas

C. Cadeira de rodas

D. Fundição de contacto

IX. Melhorar a circulação (cirurgia vascular)

O tratamento de uma úlcera do pé requer uma base de profundidade e de nível de ulceração. O que tem todos os sinais de ser uma ulceração superficial pode ser apenas a ponta de um pedaço de gelo. Pode haver uma infiltração profunda nos tecidos. O desbridamento da úlcera deve ser efectuado para aumentar o nível de infiltração e para evacuar todo o tecido necrótico. O desbridamento deve ser efectuado até ao tecido sadio. A úlcera que surge após o desbridamento será, sem dúvida, maior do que quando foi introduzida. Os escaras devem ser totalmente evacuados. A hidromassagem não é a técnica de decisão para o desbridamento. No momento em que o pé está sem coração, um pequeno desbridamento pode ser concluído à beira do leito. Seja como for, na maior parte das vezes, o doente tem de ser levado para o espaço de trabalho para efetuar um desbridamento suficiente sob anestesia. Taylor e Watchman demonstraram que o desbridamento vigoroso do pé e, quando demonstrado, a revascularização, permitiu o salvamento a longo prazo de 73% dos apêndices minados, mesmo em doentes de alto risco.[(126)] A biópsia deve ser considerada quando a úlcera aparece numa área atípica, por exemplo, não sobre as cabeças metatarsais ou a superfície plantar do hálux, quando não pode ser esclarecida por lesão e quando é letárgica ao tratamento vigoroso. Em vários casos, as biopsias de úlceras atípicas revelaram tumores malignos, tanto essenciais como metastáticos. A doença é uma dificuldade típica e significativa das feridas do pé diabético. A doença leva ao desenvolvimento de microtrombos, provocando isquemia adicional, apodrecimento e gangrena dinâmica. A doença enorme é o elemento mais conhecido que leva à remoção.

Lichter et al., exploraram os efeitos secundários do centro de investigação de um vasto conjunto de doentes com doenças genuínas dos pedais. Neste arranjo, as taxas de sedimentação foram totalmente elevadas, com uma média de 58,6 mm/h. Chocantemente, a média de controlo de brancos era de apenas 9.700. Nesta linha, não se deve confiar no branco, considera apenas uma medida da realidade da contaminação do pé. Da mesma forma que com um arranjo diferente, eles observaram que as lesões eram polimicrobianas, 72% com cocos gram positivos e 49%, gram negativos. Nove por cento tinham anaeróbios gram-negativos. Existe uma grande relação entre a doença do pé e outros emaranhados diabéticos. Lichter et al verificaram que 67% destes doentes apresentavam retinopatia, 70% nefropatia, 80% neuropatia da margem, 91% diminuição dos batimentos cardíacos, 69% hipertensão e 40% doença coronária aterosclerótica.[(127)]

A determinação de um antimicrobiano oral ou parentérico para o tratamento de uma infeção do pé diabético depende do juízo terapêutico. Há que ter em conta que muitas infecções do pé diabético contêm seres vivos gram negativos. Desta forma, a antitoxina oral escolhida deve ser convincente para seres gram positivos e gram negativos. O modelo para hospitalização e tratamento com anti-microbianos parenterais inclui doentes sépticos, febris, com leucocitose e doença profunda. O doente com todas as características de uma doença ligeira na superfície plantar do pé e confirmação de contaminação no dorso do pé, recomendada por eritema e, de vez em quando, edema, deve ser hospitalizado.

Apesar do facto de o doente não ser sético, existe uma grande probabilidade de existir uma contaminação grave algures no pé. Pacientes com contaminação e DAP grave devem ser hospitalizados e avaliados para cirurgia de by-pass de vasos sanguíneos. A situação mais terrível que leva à remoção é a isquemia e a doença. Os doentes com DAP devem receber antimicrobianos parenterais para conseguirem uma maior centralização das antitoxinas nos tecidos marginais do que a que pode ser conseguida apenas com tratamento oral. Para além disso, o antimicrobiano de decisão tem frequentemente de ser administrado por via parentérica.

Caso se opte por uma anti-toxina oral, penso que o doente diabético não deve ser aconselhado a tomar a solução e a regressar dentro de uma semana. A doença no diabético pode desaparecer rapidamente em vinte e quatro horas. Por conseguinte, proponho que os diabéticos em tratamento oral sejam observados no prazo de dois dias, após a organização do tratamento. Devem ser cuidadosamente treinados para informar o médico, sem demora, se houver um aumento da vermelhidão, infiltração, tormento, odor ou confirmação de linfangite. Embora uma grande parte destes doentes tenha os pés insensíveis, a melhoria do tormento é demonstrativa de uma contaminação profunda e requer uma consideração rápida. A melhoria de um odor desagradável revela igualmente uma contaminação agravada e, muitas vezes, a proximidade de anaeróbios.

É essencial que os pacientes com contaminação examinem quase sempre o seu nível de glicose. Um nível crescente de glicose recomenda inequivocamente a exacerbação da contaminação, apesar do fato de que diferentes sinais e efeitos colaterais de uma doença em declínio são falsos. No momento em que a contaminação não está reagindo ao desbridamento vigoroso e ao tratamento anti-infeção, a lesão deve ser desbridada novamente e refinada, pois a vegetação pode ter mudado. A contaminação incessante, repetitiva ou segura, recomenda a proximidade da osteomielite. Aproximar-se ou criar gangrena também propõe um movimento concebível de contaminação.

Quadro 2

Agravamento da infeção: Indicações

Sinais e sintomas

Aumentado:

Drenagem

Eritema

Dor

Temperatura

Malcheiroso

Linfangite

Linfadenopatia

Gangrena

Laboratório

Aumentado:

Açúcar no sangue

WBC

Taxa de sedimentação de eritrócitos

A osteomielite é uma dificuldade sucessiva da doença do pé diabético que pode ser difícil de distinguir numa premissa clínica. Newman e seus colegas demonstraram que, na osteomielite demonstrada por biópsia, apenas um terço dos pacientes apresentava osteomielite clinicamente presumida[(128)] No caso de o osso ser inconfundível ou a úlcera poder ser testada até o osso, a probabilidade da proximidade da osteomielite é em grande parte sólida. As estratégias de exame da osteomielite não são geralmente eficazes. O filtro de fase tripla com tecnécio necessita de especificidade[(129)] A imagem de reverberação atractiva (MRI) revelou-se um procedimento útil. Seja como for, Newman e colaboradores descobriram que a utilização de leucócitos marcados. As estratégias de exame de índio são melhores do que a imagem de reverberação atraente.[(130)] Bamberger, Daus e Gerding estabeleceram elementos prognósticos para neutralizar a remoção apesar da osteomielite[(131)] Eles descobriram que em pacientes sem podridão, gangrena ou proximidade de inchaço, a utilização de tratamento antimicrobiano dinâmico contra os patógenos desconectados administrados por via intravenosa por não menos que quatro semanas ou consolidados por via intravenosa e oral por 10 semanas antecipou um resultado decente sem a necessidade de sistemas cirúrgicos ablativos[(131)] Lipsky et al, têm verificado ultimamente que o controlo metabólico do tecido delicado e da doença óssea no pé diabético é fundamental.[(132)] Foi muito demonstrado em várias análises que a capacidade dos leucócitos é impedida à vista da diabetes não controlada. Os níveis de glucose devem ser mantidos abaixo dos 200 mg/dl e o mais próximo possível da euglicémia. Salpicar os pés não tem vantagem, apesar de ser uma abordagem habitual. Salpicos podem levar à maceração e contaminação adicional. Por causa do pé descuidado, o encharcamento pode acontecer em água excessivamente quente, provocando graves incêndios. A absorção de substâncias pode provocar queimaduras graves.[133] O edema está sempre que possível presente. A altura dos pés, próxima da espessura de uma almofada, pode ser útil. Uma altura superior pode obstruir o fluxo. A evicção do suporte de peso é fundamental. Estes doentes têm pés duros e, uma vez que a úlcera não é agonizante, continuam a andar. O resultado é uma expansão na putrefação do peso, compelindo os micróbios mais profundamente nos tecidos e fazendo com que a deceção se conserte. A utilização de suportes e cadeiras de rodas é, de tempos a tempos, eficaz para conseguir uma evasão total e previsível do suporte de peso. Muitos doentes com PN têm ataxia, o que torna a utilização de aparelhos possivelmente insegura. A melhor estratégia para evitar a sustentação de peso em doentes devidamente escolhidos é a utilização do gesso de contacto. O gesso de contacto permite que o doente deambule, mas basicamente evita a sustentação de peso, redistribuindo o peso e diminuindo o peso sobre o território ulcerado[134,135]

No momento em que uma úlcera não cicatriza, apesar de um grande controlo metabólico, desbridamento suficiente, tratamento anti-infecioso parentérico e evitação da carga, a cicatrização enfraquecida pode ser provocada por uma inadequação vascular. Plants, et al, descobriram que todas as úlceras neuropáticas tratadas adequadamente e as infusões no antepé foram remendadas em pacientes com batimentos cardíacos óbvios nos pedais. Na chance de que os batimentos cardíacos dos pés fossem truant e a arteriografia afirmasse a doença oclusiva de vasos vastos, feridas nos pés e infeção recuperada quando a revascularização associativa foi feita. [136] A situação mais extremamente terrível para os deficientes seria a recuperação ou a eliminação da doença pode ser a inadequação vascular. Arquivos de perna ou braquial abaixo de 0.45 ou peso transcutâneo de oxigênio <30 mm Hg e positivamente aqueles abaixo de 20 mm Hg são extremamente prescientes de que a doença não resolverá e que a úlcera não se recuperará. Por exemplo, Pecoraro e associados encontraram um perigo expandido de 39 sobreposições de desapontamento torcido precoce se o peso normal do oxigênio transcutâneo peri-ferida fosse inferior a 22 mm Hg.[134]

Nestes casos, a cirurgia vascular deve ser considerada de forma fiável. A importância da reconstrução dos vasos sanguíneos marginais foi demonstrada por LoGerfo e parceiros. Em 2883 reproduções extraordinárias de vasos sanguíneos distais, eles encontraram uma diminuição factualmente enorme em cada classe de remoção, uma diminuição que correspondeu decisivamente à expansão da taxa de by-pass da via de suprimento do pedis dorsal.[137] O oxigénio hiperbárico veiculado pela câmara hiperbárica tem sido considerado útil no tratamento de úlceras do pé diabético.[138] O oxigénio hiperbárico veiculado pela bota hiperbárica é absolutamente incapaz. Convém recordar que o oxigénio hiperbárico é utilizado em conjunto com a maior parte dos medicamentos vigorosos delineados. Os investigadores recomendaram que uma mistura de componentes de desenvolvimento tópico e oxigénio hiperbárico pode ser útil para melhorar a cicatrização de feridas.[139]

Orientações persistentes para o tratamento do pé diabético.[140]

- Não fumar.
- Inspecionar os pés todos os dias para ver se há ranhuras, cortes e arranhões. A utilização de um espelho pode ajudar a observar a base dos pés. Verificar continuamente entre os dedos dos pés.
- Lavar os pés dia após dia, secar deliberadamente, sobretudo entre os dedos.
- Evitar temperaturas extremas. Testar a água com a mão, o cotovelo ou um termómetro antes de tomar banho.
- Se os pés estiverem gelados durante a noite, use meias. Tente não aplicar jarros de água quente a ferver ou almofadas de aquecimento. Tente não utilizar uma cobertura eléctrica. Tentar não absorver água a ferver nos pés.
- Não passear em superfícies quentes, por exemplo, em zonas litorais arenosas, ou em laços à volta de piscinas.
- Não andar descalço.
- Não utilizar operadores compostos para a expulsão de calos e calosidades, argamassas de milho ou preparações germicidas sólidas
- Não utilizar fita adesiva nos pés.
- Inspecionar diariamente as partes internas do calçado para verificar se existem artigos remotos, focos de unhas, forros rasgados e gamas de temperatura elevadas.
- Se a sua visão estiver debilitada, peça a um familiar para rever os pés no dia a dia, aparar as unhas e polir as calosidades.
- Não salpicar os pés.
- Para pés secos, utilizar uma camada fina de óleo ou creme lubrificante. Aplicar depois do duche e secar os pés. Tente não colocar óleo ou creme entre os dedos dos pés. Consulte o seu médico para obter orientações pormenorizadas.
- Usar collants de ajuste adequado. Tentar não usar meias reparadas com vincos. Mudar os collants todos os dias.
- Não usar apoiantes.
- Os sapatos devem ser agradáveis no momento da compra. Não contar com a sua extensão. Os sapatos devem ser feitos de pele de vaca. Comprar sapatos ao fim da tarde, quando os pés são maiores.

Os sapatos de corrida ou de passeio únicos podem ser usados depois de consultar o seu médico. Comprar sapatos a um empresário do sector que compreenda os problemas do pé diabético.

• Não usar sapatos sem collants.

• Não usar sapatos com tanga entre os dedos.

• No inverno, evitar os riscos potenciais. Usar meias de lã e equipamento de defesa para os pés, por exemplo, botas com forro de lã.

• Cortar as unhas a direito.

• Não cortar calos e calosidades: seguir as indicações do seu médico ou podologista.

• Consulte o seu médico com frequência e certifique-se de que os seus pés são inspeccionados em cada consulta.

• Avisar o seu médico ou podologista caso apareça um ranço ou uma ferida no seu pé. Não se esqueça de informar o seu podologista de que é diabético.

Normas gerais de administração de bactérias[(141)]

• No início da introdução da doença, é imperativo avaliar a sua gravidade, tomar as medidas adequadas e considerar a necessidade de estratégias cirúrgicas.

• Os exemplos ideais para cultura devem ser colhidos após a purga introdutória e o desbridamento do material necrótico.

• Os doentes com doença grave necessitam de tratamento empírico com antitoxinas de largo espetro, enquanto se aguarda a chegada da sociedade. Os doentes com contaminação ligeira (e muitos com contaminação direta) podem ser tratados com um anti-infecioso de gama mais restrita e mais empenhado.

• Os doentes com diabetes têm influências imunológicas perturbadoras; por conseguinte, mesmo os organismos microscópicos vistos como comensais da pele podem causar danos extremos nos tecidos e devem ser vistos como agentes patogénicos quando confinados a exemplos de tecidos efetivamente adquiridos

• Os organismos microscópicos Gram-adversos, particularmente quando retirados de uma zaragatoa de úlcera, são frequentemente formas de vida colonizadoras que não requerem um tratamento específico, a menos que o indivíduo corra o risco de contrair doenças com essas criaturas.

• As sociedades de sangue devem ser enviadas se houver febre e perigo sistémico.

• Mesmo com tratamento adequado, a lesão deve ser examinada constantemente para detetar indícios precoces de doença ou de contaminação disseminada.

• Os microbiologistas clínicos/especialistas em doenças irresistíveis têm um papel vital; os resultados do centro de investigação devem ser utilizados como parte da mistura com a introdução clínica e a história para orientar a determinação antimicrobiana.

• A intervenção cirúrgica atempada é vital para abcessos profundos, tecido necrótico e para algumas doenças ósseas

O estudo da transmissão de doenças:

Taxa e difusão

O valor exato da prevalência ou frequência da úlcera do pé, as consequências de análises transversais de grupos no Reino Unido demonstraram que 5,3% (tipo 2)1 e 7,4% (tipo 1 e 2 consolidados)[(142)] dos indivíduos com diabetes tinham um historial marcado por úlcera do pé dinâmica ou passada. O risco ao longo da vida para qualquer doente diabético é de até 15%.[(143)] Ramsey e associados[(144)] notaram uma ocorrência agregada de 3 anos de 5.8% em pacientes diabéticos nos EUA, no entanto, essa estimativa dependia de informações de liberação de instalações de cura; visões gerais de grupo criaram números um pouco mais altos. Foi registada uma taxa anual de 3,6% numa população diabética escolhida arbitrariamente na Suécia,[(145)] e uma revisão nos Países Baixos encontrou uma ocorrência média de nova ulceração (apenas na diabetes tipo 2) de 2,1%.[(146)] Este valor foi de 2,2% num grande estudo de grupo no Reino Unido,[(147)] e até 7,2% em doentes com neuropatia[(148)]

Remoção

Sem informação exacta sobre a ulceração por marcha, as taxas de remoção são frequentemente utilizadas como uma medida aproximada. De facto, uma diminuição de metade das remoções foi o objetivo para a melhoria do pé definido pela Declaração de São Vicente/[149]) No entanto, os dados sobre a remoção podem igualmente ser enganadores e as definições vagas. Os termos "remoção" ou "remoção do limite inferior" podem ser utilizados para se aplicarem a todas as cirurgias, ou limitarem-se à remoção no joelho ou à volta dele. Uma remoção significativa pode significar tanto operações sobre a parte inferior da perna como operações próximas da articulação metatársica do tarso, e uma visão geral multinacional da OMS sobre a remoção do ponto mais distante inferior incluiu ainda casos de gangrena não operada[(150-153)] Além disso, a remoção é um marcador de doença, bem como de gestão de infecções. A escolha de trabalhar é ditada por muitas variáveis, que diferem entre focos e doentes. Uma taxa de remoção elevada pode dever-se a uma elevada frequência de infeção, a uma introdução tardia e a recursos insuficientes, mas pode igualmente refletir uma abordagem específica por parte dos especialistas do bairro. De um modo geral, uma verdadeira remoção não é uma afirmação manjada de desilusão, mas sim o método mais adequado para garantir um regresso rápido a uma presença geralmente autónoma. Por outro lado, uma baixa taxa de remoção pode refletir melhores cuidados, mas pode igualmente disfarçar os impactos de uma abordagem inadequadamente tradicionalista - especificamente, inadequação prolongada, resistência e passagem com úlceras não curadas. 15-27% de todas as úlceras resultam na expulsão cirúrgica do osso,[144,151-158] no entanto, as taxas variam de país para país[150,153] A taxa anual de todas as remoções em populações com idades coordenadas é essencialmente mais elevada nos EUA do que nos Países Baixos.

Remoção real:

A ocorrência de remoção real é de 0,5-5,0 para cada 1000 indivíduos com diabetes. [159-162] Em populações agregadas, as taxas mudam entre nações, grupos raciais e dentro das nações e podem ultrapassar 20 para cada 100.000.[152,163-167] Alguma variedade deve-se à raça e a contrastes genuínos na taxa e na gravidade[150-168] no entanto, grande parte deve-se a um acesso desigual à mente e a diferentes suposições sobre as melhores práticas.[152]

Sobrevivência após a remoção:

A ulceração tem um mau prognóstico.[169,170] Para remoção, a mortalidade pré-operatória é de 9% nos Países Baixos[171] e de 10-15% no Reino Unido. [172] Na Suécia e em Itália, as taxas de sobrevivência a 3 anos são de 59% e metade, respetivamente.[153,172] A elevada mortalidade reflecte a antiguidade, a doença vascular alargada e as diferentes dificuldades da diabetes, habituais em numerosos doentes com remoção. As mulheres têm tendência a estar cerca de 10 anos mais estabelecidas e têm taxas de sobrevivência mais terríveis do que os homens na altura da primeira amputação. [172] Os EUA têm uma taxa de sobrevivência superior à da Europa,[144,173] o que pode refletir um acesso mais rápido a cuidados específicos, ou um estatuto mais proeminente para fazer remoções em indivíduos jovens e geralmente em forma.

Estudo da Índia:

Kannan lyanar (20014). [171]

Na investigação do desprendimento e da impotência antimicrobiana de organismos microscópicos de doenças dos pés em pacientes com diabetes mellitus tipo I e tipo II. Foram escolhidos para a análise sessenta pacientes já analisados ou recentemente analisados como diabéticos, que apresentavam doença de limite inferior e que frequentavam a escola terapêutica Tagore e as instalações de cura e os seus focos marginais. Foram obtidos do local contaminado diferentes exemplos de secreções, exsudados de feridas ou biópsias de tecidos para estudos microbiológicos. Os exemplos foram refinados em ágar-sangue e ágar MacConkey para formas de vida anaeróbias de alto impacto/facultativas e em ágar-sangue Neomicina para seres vivos anaeróbicos. As placas foram então incubadas a 37°C. Para a cultura anaeróbia, as placas foram incubadas no recipiente anaeróbio McIntosh. Os limites adquiridos são reconhecidos pelos sistemas padrão dos centros de investigação.

O resultado demonstrou que a Pseudomonas aeruginosa (48,3%) é a bactéria transcendente, seguida pela Staphylococcus aureus (38%) e outros microrganismos. Os organismos microscópicos anaeróbicos são adicionalmente desvinculados das úlceras do pé diabético. As espécies de *Peptostreptococcus* (26,7%) são os microrganismos transcendentes aos outros microrganismos microscópicos. Os resultados demonstraram que 22 pacientes (37%) demonstraram a doença multibacteriana e os restantes 38 pacientes (63%) indicaram contaminação mono bacteriana. Os medicamentos como a amicacina, a cefepima, a ciprofloxacina, o cotrimoxazol e a roxitromicina são sensíveis a numerosas bactérias gram positivas. Os resultados revelam obviamente que não existe uma etiologia distinta nas doenças do pé diabético. Muitos doentes atribuíram a doença à associação de numerosos organismos microscópicos. Promover é evidente que numerosos micróbios são multi tranquilizantes seguros e, desta forma, confundem a administração da infeção do pé diabético.

Raghav Rao (2014). [172]

Na investigação do perfil bacteriano que consome oxigénio e do exemplo de impotência antimicrobiana das descargas de alta num centro de cuidados terciários do sul da Índia. Presume-se que dos 114 testes de alta obtidos para cultura e afectabilidade no laboratório de microbiologia, 102 (89,47%) casos deram cultura positiva, enquanto 12 (10,53%) casos não tiveram um desenvolvimento vigoroso. Entre os 102 testes de alta com cultura positiva, 97 deram origem a confinamentos bacterianos imaculados e 5 deram origem a doença mista; assim, um número agregado de 107 formas de vida foi separado dos 102 testes de alta. Entre os 102 casos de cultura positiva, 60 (58,82%) eram do sexo masculino e 42 (41,18%) eram do sexo feminino, o que representa uma proporção de 1,43 entre homens e mulheres. *Staphylococcus aureus* foi a desconexão mais reconhecida, seguida por pseudomonas aeruginosa, *Escherichia coli, K. pneumoniae, Streptococcus pyogenes, S. epidermidis e Proteus.* Entre os Gram positivos, a vancomicina, a levofloxacina e a clindamicina foram os medicamentos mais indefesos, enquanto entre os Gram negativos, os medicamentos mais indefesos foram a piperacilina/tazobactum, a levofloxacina, o imipenem e a amicacina. A alteração da resistência antimicrobiana representa um desafio no tratamento da infeção piogénica. Uma determinação adequada e razoável da anti-infeção confinaria as estirpes seguras de medicamentos em ascensão para, mais tarde, tratar eficazmente estas condições clínicas.

Narinder Kaur (2014). [173]

Na investigação do Perfil Clínico e de Suscetibilidade de Doentes com Pé Diabético num Hospital de Cuidados Terciários, presumiu-se que 106 doentes diabéticos com doença no limite inferior foram incorporados na revisão. Foram recolhidos diferentes exemplos para análise bacteriológica, preparados utilizando métodos microbiológicos padrão. O exemplo de impotência antimicrobiana foi examinado pela técnica de disseminação do círculo de Kirby-Bauer. Um agregado de 136 formas de vida foi desativado, com uma média de 1,36 segregados por cada doente com cultura positiva. Proteus spp (18,3%) e *S.aureus* (18,3%) foram os agentes patogénicos transcendentes. Seguiram-se-lhes a Eschericchia coli (16,1%), *a Klebsiella* spp (13,9%) e a *Pseudomonas* spp (11,7%). A polimixina-B, o meropenem, o imipenem e a piperacilina/tazobactum foram os melhores contra formas de vida gram-negativas, ao passo que a vancomicina, a linezolida e a amicacina foram os melhores contra criaturas gram-positivas. O tratamento anti-infecioso adequado é uma peça fundamental da gestão do pé diabético e a predominância de MDROs foi alarmantemente elevada, pelo que os doentes devem receber um tratamento centrado nas formas de vida, em vez de um tratamento exato.

Jasmine Janifer (2013).[(174)]

Na investigação da carga biológica versus antibiograma da infeção do pé diabético. Um total de 961 (M: F 697: 264) doentes com diabetes tipo 2 e infecções do pé foram incluídos neste estudo. Após o desbridamento cirúrgico, as descargas e os testes de tecido foram recolhidos em condições assépticas em compartimentos estéreis e submetidos a investigações microbiológicas. A coloração de Gram, a cultura e o teste de afectabilidade foram realizados juntamente com métodos de controlo de qualidade. Entre 961 indivíduos, os agentes patogénicos únicos estavam confinados em 65,3%, as formas de vida poli-microbianas foram destacadas em 14,3% e 20,4% tinham sociedades estéreis. Foi destacado um total de 892 agentes patogénicos, dos quais 41,1% eram GPC, 57,7% eram GNB e 1,1% eram *Candida* Spp. O imipenem demonstrou a afetividade mais surpreendente, superior a 95%, e a amicacina mais de 70%, tanto contra os GPC como contra os GNB. Os inibidores de beta-lactam\beta-lactamase indicaram uma afetividade superior a 60% para os GNB. Os GPCs eram adicionalmente >75% vulneráveis à doxiciclina, 99,4% sensíveis à vancomicina, 89,1% à linezolida, >55% à clindamicina e à eritromicina. 1,35% dos MRSA e 3,12% dos ESBL foram desligados da úlcera do pé. Em conclusão, observou-se que o imipenem é o antimicrobiano com maior potencial contra GPCs e GNBs. Entre as misturas, cefipima-tazobactum e cefoperazona-sulbactum foi a melhor decisão. Contra os antimicrobianos para o MRSA, a linezolida e a vancomicina e os anti-ESBL, como o imipenem e o meropenem, podem ser administrados a doentes que criem MRSA ou ESBL.

Jayashree Konar (2013) [(175)]

Na investigação do perfil bacteriológico das úlceras do pé diabético, com uma referência única ao antibiograma numa unidade de cuidados terciários no leste da Índia. Foram recolhidas 150 amostras de casos de úlceras do pé diabético durante um período de seis meses, utilizando zaragatoas estéreis, e estas foram tratadas de acordo com as regras do CLSI 2013. A etiologia bacteriana pôde ser distinguida entre 67 casos de 150 (38%); uma única forma de vida foi isolada em 58 (87%), entre as quais *Pseudomonas aeruginosa* foi a mais comum (31,34%), seguida por *Escherichia coli* (23,8%) e *Staphylococcus aureus* (22,4%). *Enterococcus faecium, Proteus vulgaris e Klebsiella pneumoniae* foram isolados em 2 casos cada. Entre os casos polimicrobianos, o *Staphylococcus aureus* e a *Klebsiella oxytoca* foram desactivados em 4 casos e nos restantes 5 casos, *a Pseudomonas aeruginosa* e a *Escherichia coli* foram confinadas. Os segregados Gram-negativos (72,36%) superaram essencialmente os Gram-positivos. Do total de 19 *Staphylococcus aureus* isolados, 7 eram seguros para a meticilina (36,84%), mas todos eram sensíveis à vancomicina e à linezolida. Um *Enterococcus faecium* separado era seguro para a vancomicina (tipo van-A), [Valor MIC>64µg/ml]; de acordo com o VITEK 2 AES. Entre os 50 organismos microscópicos gram-negativos confinados, 23 (46%) criaram ESBL, 17 (33,33%) eram produtores de beta-lactamase AmpC e 4 (8%) eram produtores de carbapenemase; 33 desconexões gram-negativas eram resistentes aos fluoroquinolónicos (66%). Entre as Pseudomonas spp produtoras de carbapenemases, dois confins eram impermeáveis tanto à tigeciclina como à colistina e um era impermeável à colistina, mas delicado à tigeciclina; cada um deles era sensível à polimixina-B.

T. Viswasanthi (2013).[176]

A investigação da definição e avaliação do concentrado poli natural contra a infeção do pé diabético gere a definição e avaliação da ação anti microbiana do plano poli natural contendo concentrado etanólico de Gymnema sylvestre, Allium sativum, Psidium guava, Centella asiatica, Curcuma longa, Trigonella foenum, Acalypha indica, Momordica charantia, Zingiber officinale, Rosmarinus officinalis. O concentrado poli cultivado em casa foi testado para a ação contra microbiana contra formas de vida de menor escala, por exemplo, organismos microscópicos gram positivos incorporam *Staphylococcus aureus*, *Bacillius subtilis*, microrganismos gram negativos, por exemplo, *Escherichia coli, Pseudomonas aeruginosa* separadamente, utilizando a estratégia de dispersão de poço de ágar ajustada. O concentrado polinuclear arranjado foi experimentado com sucesso contra microrganismos que eram bem semelhantes à anti-toxina padrão. O concentrado etanólico poli cultivado em casa demonstrou a zona de contenção, mostrando que as plantas utilizadas como parte da definição foram uma batalha contra estes microrganismos devido à proximidade dos taninos e, além disso, poderia ser uma melhor opção de contraste para o farmacêutico de ponta. Na parte dominante das estruturas habituais de medicamentos, a diabetes é melhor supervisionada pela mistura de ervas (Polyherbal) do que por uma única erva, tendo em vista o sinergismo e menos reacções.

Vaidehi J. Mehta (2013). [177]

Na investigação do perfil microbiológico das úlceras do pé diabético e da sua conceção de impotência anti-infecciosa num centro de cura, Gujarat. Foram recolhidos 100 testes de alta de doentes com úlceras do pé diabético. Os testes foram preparados de acordo com as regras normalizadas. Dos 100 testes de descarga, 73 (73%) produziram o desenvolvimento de formas de vida, fazendo um agregado de 92 segregados. Dos 92 confins bacterianos, 72 eram gram-negativos e 20 eram gram-positivos. *A*

Pseudomonas aeruginosa 25 (27%) foi a confina mais regular que provocou a infeção do pé diabético, seguida de 20 (22%) *Klebsiella sp,* 17 (19%) *Eschericchia coli,* 15 (17%) *S. aureus,* 6 (7%) *Proteus sp. também,* 4 (3%) *Enterococci,* 2 (2%) *Acinetobacter* sp. também, 2 (2%) CONS e 1 (1%) *Providencia* spp. Dos 72 GNB, 50 (69.4%) foram desenvolvidos na faixa de β lactamase (ESBL). A maior parte dos gram-negativos não tolerou a levofloxacina, a gentamicina, a ampicilina-sulbactam e a gatifloxacina. Todos os GNB foram sensíveis ao imipenem. Dos 15 *S. aureus,* 9 (60%) eram *Staphylococcus aureus* resistentes à meticilina (MRSA) e eram sensíveis à vancomicina e à linezolida. A *Pseudomonas sp.* foi a causa mais conhecida de infeção. A maioria dos casos era de resistência a múltiplos medicamentos.

G.S. Banashankari (2012). (178)

Na investigação da Prevalência de Bactérias Gram Negativas no Pé Diabético, foi efectuado um estudo Clínico-Microbiológico, tendo sido recolhidos exames de tecidos/libertação/alta de 202 doentes admitidos para tratamento de doenças do pé diabético. Os exemplares foram testados através de gram recolor; cultura e eficácia anti-infecciosa. Um agregado de 202 exemplos foi refinado, produzindo 246 micróbios no final de 18-24 horas. Os aeróbios gram-negativos foram os microrganismos mais frequentemente separados, constituindo 162 segregados (66%), seguidos pelos aeróbios grampositivos, 78 confinados (32%). As estirpes de *Enterobacteriaceae* e de *P. aeruginosa* eram geralmente impotentes face ao imipenem (100%), à piperacilina-tazobactum, à ceftazidima, aos aminoglicosídeos e à ciprofloxacina. Mais de 70% dos Staphylococcus aureus eram sensíveis à meticilina. A cefoperazona + sulbactam apresentou uma afetividade de cerca de 67%, enquanto a ciprofloxacina e a amicacina foram apenas 23% e 44% delicadas. O MRSA foi separado em 20 casos (47% de S.aureus) e o Staphylococcus coagulase negativo seguro com meticilina em 2 casos (15% de *Staphylococcus* coagulase negativo*).* Os seres vivos seguros para a meticilina foram delicados para a vancomicina (95%). A infeção do pé diabético é predominantemente causada por microrganismos gram positivos como o *Staphylococcus aureus* ou polimicrobianos. Existe um padrão em desenvolvimento de desconexão de microrganismos gram-negativos nestas lesões sem guelras do pé diabético. A necessidade de um âmbito antibacteriano gram-negativo satisfatório no início do tratamento do pé diabético é fundamental para evitar e tratar uma infeção debilitante para a vida.

Khairul azmi abdul kadir (2012). (179)

Na investigação bacteriológica das doenças do pé diabético. Em geral, 40 (54%) doentes tinham doenças subcutâneas, 22 (29%) tinham úlceras superficiais contaminadas, sete (9%) tinham úlceras profundas contaminadas, incluindo tecido muscular, e seis (8%) tinham osteomielite. Foram isolados 98 agentes patogénicos. 40% dos doentes tinham doença polimicrobiana, 39 (52%) tinham um único ser vivo e 6 (8%) não tinham desenvolvimento. Os micróbios gram-negativos (67%) foram mais comummente confinados do que os microrganismos gram-positivos (30%). As três formas de vida gram-positivas mais frequentemente descobertas foram Staphylococcus aureus (10,2%), *Streptococcus pyogenes* (7,1%) e *Staphylococcus aureus* seguro para a meticilina [MRSA] (7,1%) e os seres vivos gram-negativos mais conhecidos foram *Pseudomonas aeruginosa* (19,4%), *Klebsiella pneumoniae* (15,3%) e *Acinetobacter* spp. (10,2%). Observou-se que a Vancomicina era a melhor contra micróbios gram-positivos, embora a Amicacina fosse a melhor contra microrganismos gram-negativos à luz dos testes anti-infeção. 40% das infecções do pé diabético eram polimicrobianas. *Staphylococcus aureus* e *Pseudomonas aeruginosa* foram os microrganismos gram-positivos e gram-negativos mais reconhecidos, separadamente. Esta revisão ajuda-nos a escolher os agentes anti-infecciosos exactos para os casos de doenças do pé diabético.

Ravisekhar Gadepalli (2O12).[180]

Na investigação de um estudo microbiológico clínico de úlceras do pé diabético num hospital indiano de cuidados terciários. Foram recolhidos testes de alta para cultura bacteriana de 80 doentes admitidos com doenças do pé diabético. Todos os doentes apresentavam úlceras com a classificação de Wagner 3-5. Cinquenta doentes (62,5%) tinham osteomielite conjunta. Os bacilos Gram-negativos foram testados para a criação de P-lactamase de gama desenvolvida (ESBL) através de uma estratégia de dispersão de dois círculos. Os *estafilococos foram testados quanto à sua* vulnerabilidade à oxacilina através de uma estratégia de ágar de rastreio, disseminação em placa e PCR baseada em mec A. Foram investigadas variáveis de risco potencial para exemplos positivos de MDRO. Os aeróbios Gram-negativos foram separados com a maior frequência possível (51,4%), seguidos pelos aeróbios e anaeróbios Gram-positivos (33,3 e 15,3%, individualmente). Setenta e dois por cento dos doentes estavam seguros em relação às MDRO. A geração de ESBL e a resistência à meticilina foram registadas em 44,7 e 56,0% das bactérias separadas, individualmente. O status positivo para MDRO foi relacionado com a proximidade de neuropatia (P <0,03), osteomielite (P <0,01) e estimativa de úlcera de 4 cm2 (P <0,001), mas não com atributos do paciente, tipo e comprimento da úlcera ou extensão do centro de cura permanecem. Os pacientes contaminados por MDRO tinham um controle glicêmico ruim (P <0,01) e devem ser tratados cirurgicamente com mais regularidade (P <0,01). A doença com MDROs é regular nas úlceras do pé diabético e está relacionada com um controlo glicémico deficiente e um pré-requisito alargado para o tratamento cirúrgico. Há uma necessidade de observação constante de micróbios seguros para dar a premissa ao tratamento experimental e diminuir o perigo de complexidades.

Jain Manisha (2012).[181]

Na investigação da variedade de vegetação microbiana na úlcera do pé diabético e do seu desenho de afetação antimicrobiana numa clínica de cuidados terciários. Foram recolhidos esfregaços dos bordos e extremidades das úlceras e os organismos foram reconhecidos por coloração de Gram, cultura e testes bioquímicos. Dos 125 exemplos, 108 exemplos demonstraram o desenvolvimento de formas de vida. Dos exemplos positivos de cultura, foram retirados 157 seres vivos de grande impacto. Isto corresponde a um valor normal de 1,25 formas de vida por cada caso. Entre estas formas de vida, foram confinados 130 seres vivos gram-negativos e 27 gram-positivos. *Pseudomonas aeruginosa* (30,57%) foi a criatura prevalente, seguida por *Klebsiella* spp. (22,29%). Os *Staphylococcus aureus* foram 12,74%, dos quais 55% eram *S. aureus* sensíveis à meticilina (MRSA). A taxa de desenvolvimento foi de 86,4%, sendo que *a Pseudomonas aeruginosa* (30,57%) foi a que mais regularmente se desligou. As formas de vida na infeção mista indicaram resistência a múltiplos medicamentos quando comparadas com uma única estirpe desligada. As infecções do pé diabético são de natureza polimicrobiana. À medida que a análise de Wagner se expandiu, a frequência das separações também aumentou.

Asha Konipparambil Pappu (2011).[182]

Na investigação do perfil microbiológico da úlcera do pé diabético. Entre 104 doentes com úlceras do pé diabético, foram recolhidos dados sobre o modo de vida e a vulnerabilidade anti-infecciosa de exemplares (exames de alta das úlceras do pé) destes 104 doentes. *A Pseudomonas* foi a forma de vida que foi desactivada em 23% dos exemplos. *Staphylococcus aureus* (21%), *Klebsiella* (17%), *Proteus mirabilis* (15%), *Eschericchia coli* (12%).22% dos amputados estavam contaminados com *Pseudomonas aeruginosa* e *Proteus mirabilis.* Observou-se que a maioria dos cocos Gram positivos eram muito resistentes à penicilina, à gentamicina e à eritromicina. A maioria dos bacilos Gram negativos era muito impermeável aos agentes antimicrobianos, por exemplo, ampicilina, gentamicina, cefalosporinas, ciprofloxacina e aztreonam. O tratamento antimicrobiano adequado é uma parte básica do tratamento das úlceras do pé diabético.

Girish. M. Bengalorkar (2011).[183]

Na investigação futura da Cultura e da afectibilidade, o exemplo de uma criatura de menor escala desvinculada das doenças do pé diabético numa unidade de cuidados médicos terciários foi dirigido a 60 doentes com infeção do pé diabético. . Os antimicrobianos observacionais foram controlados na sequência da recolha de zaragatoas para cultura de descarga e afectabilidade. O período médio dos homens e das mulheres foi de 56,69 ± 11,75 anos e 55,38 ± 11,17 anos, individualmente. Os homens foram mais afectados do que as mulheres. A maior parte dos doentes tinha diabetes há mais de 5 anos. Os doentes hospitalizados devido a doenças dos pés anteriores eram 20%. Úlcera, celulite e gangrena foram os destaques. A cultura de feridas revelou o poder de formas de vida polimicrobianas Os bacilos gram-negativos eram mais comuns do que os cocos gram-positivos. A maioria dos seres vivos eram *E. coli, Staphylococci aureus, Pseudomonas* e *Klebsiella.* Colonizadores de baixa nocividade, por exemplo, *S. epidermidis* e difteróides, foram adicionalmente confinados, o que pode dever-se ao facto de as protecções do hospedeiro estarem impedidas no local da lesão. Uma grande parte das estirpes desligadas de *E.coli, Pseudomonas* e *Klebsiella* eram impermeáveis à ampicilina. O MRSA representou 64% das estirpes separadas de *S. aureus*, ou seja, 15% de todos os exemplos, e foi normalmente encontrado em doentes com osteomielite. 4 doentes tinham estirpes de MRSA não resistentes à vancomicina. A amicacina é uma decisão superior de medicação na contaminação provocada por *E.coli, Proteus* e *Klebsiella.* A doença por *Pseudomonas* reage melhor ao imipenem. A *E.coli* 60-70% era impermeável à ceftriaxona, à ciprofloxacina e à gentamicina normalmente utilizadas. *As Enterobacteriacacae* eram impermeáveis à ciprofloxacina. A mistura de ciprofloxacina (floroquinolonas) e amicacina é uma decisão superior de mistura de medicamentos para a contaminação provocada por criaturas Gram positivas e negativas em doenças do pé diabético.

Kavita A.(2011). [184]

A investigação do exame bacteriológico da infeção do pé diabético. A análise clínica de 113 pacientes com feridas no pé diabético revelou etiologia polimicrobiana em 96 (85%) e etiologia única em 16 (14%) pacientes. Foi detectada uma soma de 290 bactérias (223 aeróbios e 67 anaeróbios) e foi contabilizado um número normal de 2,56 segregados por cada caso. *Staphylococcus aureus*, entre os gram-positivos, e *Pseudomonas aeruginosa*, entre os gram-negativos, foram as formas de vida mais isoladas. Entre os anaeróbios, os cocos gram-positivos foram os dominantes (69%), sendo as espécies de *Peptostreptococcus* a principal exceção.

Mohammad Zubair (2010).[185]

Na investigação do agente clínico-bacteriológico e infecioso da doença do pé diabético com microorganismos multirresistentes. Nos 60 doentes com infeção do pé diabético, 37 (61,6%) eram do sexo masculino e 23 (38%) do sexo feminino. 49(81,6%) tinham DM tipo 2, enquanto apenas 11(18,3%) doentes tinham DM tipo 1. A proximidade da neuropatia tátil foi observada em 66,6% dos doentes. A contaminação bacteriana foi encontrada em 86,6% dos casos de DFI, 40% dos casos tinham doença bacteriana mista enquanto 48,5% dos casos tinham infeção monomicrobiana. 23,3% dos doentes com DFI tinham doença causada por seres vivos multirresistentes (MDR). O fabricante de ESBL foi encontrado em 45,3% dos gram-negativos separados. 33% das estirpes gram-negativas estavam certas para a qualidade blaCTX-M, seguidas de blaSHV (20%) e blaTEM (6,6%). O mau controlo glicémico em 63,3% dos doentes, o período de contaminação > 1 mês (43,3%) e a medida da úlcera > 4cm2 (78,1%) estavam livremente relacionados com o perigo de doença por seres vivos MDR.

Shalbha Tiwari (2010) [186]

Na investigação dos atributos microbiológicos e clínicos das doenças do pé diabético. Entre 62 casos, 43,5% tinham doença mono-microbiana, 35,5% tinham infeção poli-microbiana e 21% tinham cultura estéril. Dos 82 microrganismos destacados, 68% eram Gram negativos e 32% Gram positivos. Os controlos de leucócitos foram mais elevados (16928±9642 versus 14593±6687 células/mm3) e a hemoglobina (7,9±2,4 versus 9,2±2,2 mg/dl) é mais elevada na infeção polimicrobiana do que na infeção mono-microbiana. As contagens de hemoglobina eram mais baixas e os leucócitos incluíam mais Gram-negativos em comparação com doenças Gram-positivas. Os doentes com sociedades estéreis tinham adicionalmente confirmação clínica de determinada doença. A Escherichia coli foi a desconexão mais reconhecida e a piperacilina/tazobactum indicou a sensibilidade mais elevada. Os organismos microscópicos Gram-negativos foram os mais difundidos na contaminação do pé diabético. É normal que os relatórios de cultura sejam negativos, independentemente da confirmação clínica da doença.

Estudos fora da Índia

Akaninyene Asuquo Out (2013).[187]

A investigação de componentes bacteriológicos e de risco para doenças dos pés entre diabéticos. Dos 3.882 pacientes admitidos, 297 (7%) foram por causa de problemas de diabetes mellitus. A doença do pé representou 63 (21,2%) de todas as confirmações de diabéticos. Os idosos constituíram a maior parte dos pacientes admitidos com doença nos pés. O tempo normal de permanência dos diabéticos com doença do pé foi de 38,5 dias. Os diabéticos admitidos por outras patologias tiveram um tempo normal de confirmação de 15,8 dias. *Staphylococcus aureus* foi a forma de vida mais comum confinada a partir de esfregaços de doenças do pé. A maioria dos seres vivos reconhecidos a partir de esfregaços de doenças eram sensíveis às quinolonas e resistentes às penicilinas. Estas infecções do pé diabético estavam totalmente relacionadas com a neuropatia tátil, doença vascular, claudicação descontínua e andar sem sapatos. É necessário um poderoso programa de pé diabético para abordar estes componentes de risco e mudar o padrão atual.

Priyadarshini Shanmugam (2013).[188]

A investigação bacteriológica das úlceras do pé diabético, com uma referência excecional a estirpes multirresistentes. Foram recolhidos 75 fragmentos bacterianos de 50 doentes com úlceras do pé diabético. A faixa etária destes doentes variava entre os 35 e os 80 anos e o número mais extremo de doentes situava-se na faixa etária dos 60 aos 65 anos. Os bacilos Gram-negativos foram mais comuns (65,1%) do que os cocos Gram-positivos (34,9%). A desconexão mais frequente foi a de *Pseudomonas* spp (16%), seguida de *Escherichia coli* (14,6%) e *Staphylococcus aureus* (13,3%).

37,5% dos bacilos gram-negativos eram produtores de ESBL e 31% eram produtores de carbapenemases. Esta análise demonstrou uma predominância de bacilos gram-negativos entre os destacados das úlceras do pé diabético.

Child Joseph (2013).[189]

A investigação da bacteriocina de bacillus subtilis como um novo medicamento contra os agentes patogénicos bacterianos da úlcera do pé diabético. Os quatro destacamentos indicaram um estado anormal de impermeabilidade ao amoxiclav e de afetividade ao tcrieper oafnloaxlaycsiisn. Verificou-se que a maior parte das bacteriocinas purgadas tem movimento antimicrobiano contra os agentes patogénicos bacterianos da DFU.

Mamdouh M (2012).[190]

Na investigação da doença do pé diabético: Causas bacteriológicas e tratamento antimicrobiano. *Escherichia coli* (20,3%), *Klebsiella pneumoniae* (17,4%), *Staphylococcus aureus* (16,2%) e *Pseudomonas aeruginosa* (12,6%) foram as causas bacterianas mais reconhecidas para as DFIs. A contaminação polimicrobiana foi observada em 39,1% dos pacientes. Observou-se que os indivíduos de *Enterobacteriaceae* e, além disso, de *Pseudomonas* spp. e ainda de *Acinetobacter* spp. eram impotentes basicamente para o imipenem, a levofloxacina e a amicacina. *Staphylococcus aureus* e *Enterococcus spp.* foram impotentes, na sua maior parte, face à vancomicina, levofloxacina e ciprofloxacina, com uma indefesa variável face à medicação antibiótica. 80% dos segregados com *Enterobacteriaceae* apresentavam ESBL e 67% dos *Staphylococcus aureus* eram sensíveis à meticilina. Foi observada uma elevada frequência de agentes patogénicos seguros para múltiplas medicações. O imipenem, a levofloxacina e a amicacina eram dinâmicos contra bacilos gram-negativos, enquanto a vancomicina, a levofloxacina e a ciprofloxacina eram dinâmicos contra micróbios gram-positivos.

Al-Metwally R. Ibrahim (2012).[191]

A investigação bacteriológica das infecções do pé diabético. Em geral, 40 (54%) doentes tinham doenças subcutâneas, 22 (29%) tinham úlceras superficiais contaminadas, 7 (9%) tinham úlceras profundas infectadas, incluindo tecido muscular, e 6 (8%) doentes tinham osteomielite. Um agregado de 99 agentes patogénicos foi desligado. 40% dos doentes apresentavam uma infeção polimicrobiana, 39 (52%) apresentavam doenças com uma única forma de vida e seis (8%) não apresentavam qualquer desenvolvimento. Os microrganismos Gram-negativos (67%) foram os mais regularmente isolados, em contraste com os micróbios Gram-positivos (30%). Os três seres vivos gram-positivos mais descobertos de vez em quando foram *Staphylococcus aureus* (10,2%), *Streptococcus pyogenes* (7,1%) e *S. aureus* sensível à meticilina (7,1%), e as formas de vida gram-negativas mais conhecidas foram *Pseudomonas aeruginosa* (19,4%), *Klebsiella pneumoniae* (15,3%) e *Acinetobacter* spp. (10,2%). Observou-se que a vancomicina era a melhor contra os organismos microscópicos Gram-positivos, embora o imipenem e a amicacina fossem os melhores contra os microrganismos Gram-negativos nos testes anti-infeção. 40% das infecções do pé diabético eram polimicrobianas. *S. aureus* e *P. aeruginosa* foram as formas de vida Gram-positivas e Gram-negativas mais reconhecidas, separadamente.

Diane M. Citron (2007).[192]

Na investigação da bacteriologia das doenças directas e graves do pé diabético e do movimento in vitro dos operadores antimicrobianos. Entre as 427 sociedades positivas, 83,8% eram polimicrobianas, 48% desenvolveram apenas aeróbios, 43,7% tinham tanto aeróbios como anaeróbios e 1,3% tinham apenas anaeróbios. As sociedades produziram um agregado de 1.145 estirpes vigorosas e 462 estirpes anaeróbias, com um normal de 2,7 seres vivos por cada cultura (extensão, 1 a 8) para aeróbios e 2,3 criaturas por cada cultura (extensão, 1 a 9) para anaeróbios. As formas de vida mais vigorosas foram *Staphylococcus aureus* sem oxacilina (14,3%), *Staphylococcus aureus* sensível à oxacilina (4,4%), espécies de *Staphylococcus* coagulase negativo (15.3%), espécies de *Streptococcus* (15,5%), espécies de *Enterococcus* (13,5%), espécies de *Corynebacterium* (10,1%), indivíduos da família *Enterobacteriaceae* (12,8%) e *Pseudomonas aeruginosa* (3,5%). Os anaeróbios predominantes foram os cocos gram-positivos (45,2%), as espécies de *Prevotella* (13,6%), as espécies de *Porphyromonas* (11,3%) e o conjunto *Bacteroides fragilis* (10,2%). As sociedades não adulteradas foram registadas em 20% das sociedades de *Staphylococcus aureus* seguras para a oxacilina, 9,2% das sociedades de *Staphylococcus epidermidis* e 2,5% das sociedades de *P. aeruginosa*. Pelo menos dois tipos de *Staphylococcus* estavam disponíveis em 13,1% dos doentes. O ertapenem e a piperacilina-tazobactam foram todos dinâmicos contra >98% dos pólos gram-negativos entéricos, S. aureus meticilino-tóxico e anaeróbios. Entre as floroquinolonas, 24% dos anaeróbios, em particular os cocos gram-positivos, eram imunes à moxifloxacina; 27% dos aeróbios gram-positivos e apenas 6% dos indivíduos da família Enterobacteriaceae eram imunes à levofloxacina. As DFIs directas a graves são normalmente polimicrobianas e metade incorpora anaeróbios.

Seyed Mohammad Alavi (2007).[193]

Na investigação bacteriológica da infeção do pé diabético. A avaliação clínica e a investigação bacteriológica de 32 doentes com ferida do pé diabético revelaram etiologia polimicrobiana em 16 (metade) e etiologia única em 10 (31,2%) e seis sociedades negativas. Os microrganismos Gram-positivos de elevado impacto representaram 42,9%. O *Staphylococcus aureus* foi o microrganismo mais frequentemente detectado (26,2%) e o *Staphylococcus epidermidis* esteve sempre associado às lesões (14,3%). As barras Gram-negativas representaram 54,8%. *A Escherichia coli* foi a forma de vida gram-negativa mais esmagadora (23,8%). Nenhum anaeróbio foi separado das úlceras. Cada um dos microrganismos segregados demonstrou uma elevada impermeabilidade aos antimicrobianos utilizados, entre os quais *Staphylococcus aureus* e *Pseudomonas aeruginosa* foram os organismos mais sensíveis no presente estudo. *Staphylococcus aureus, Escherichia coli, Staphylococcus epidermidis* e *Proteus vulgaris* foram as causas mais reconhecidas de doenças do pé diabético na presente revisão. Para além disso, a taxa de resistência antimicrobiana foi de 65% entre os separados. Devido à infeção polimicrobiana e à resistência antimicrobiana, a intervenção cirúrgica deve ser considerada.

Sharma VK (2006).(194)

Na investigação de agentes patogénicos básicos destacados na infeção do pé diabético. Observou-se que a polineuropatia diabética era normal em (51,1%) e os micróbios gram positivos foram segregados com mais frequência do que os gram negativos nos doentes examinados. As bactérias mais frequentes foram *Staphylococcus aureus* (38,4%), *Pseudomonas aeruginosa* (17,5%) e *Proteus* (14%). O Imipenem foi o melhor especialista contra criaturas gramnegativas. A vancomicina foi observada como sendo a melhor contra formas de vida gram positivas. *Staphylococcus aureus* e *Pseudomonas aeruginosa* foram as causas mais reconhecidas das doenças do pé diabético. As feridas postuladas requerem a utilização de um tratamento antimicrobiano conjunto para o início da administração; os pensos refeitos e os desbridamentos das feridas foram concluídos.

Ahmed T. El-Tahawy (2000).(195)

Na investigação da bacteriologia da infeção do pé diabético. *Staphylococcus aureus* foi a forma de vida separada mais comum, sendo recuperada em 28% dos casos, incluindo *Staphylococcus aureus* seguro para meticilina em 9 de 30 (30%) lesões persistentes. As formas de vida alternativas destacadas foram *Pseudomonas aeruginosa* (22%) e *Proteus mirabilis* (18%), seres vivos gram-negativos anaeróbios (11%), principalmente *Bacteroides fragilis*. Os testes de defesa antimicrobiana demonstraram que a vancomicina era a melhor contra as formas de vida gram-positivas e o imipenem era o melhor contra as formas de vida gram-negativas. *Staphylococcus aureus, Pseudomonas aeruginosa, Proteus mirabilis* e *Bacteroides fragilis* foram as causas mais reconhecidas das doenças do pé diabético.

CAPÍTULO 3. FINALIDADES E OBJECTIVOS

1. Determinar a presença de úlceras do pé diabético em vários grupos etários e géneros.

2. Para isolar as bactérias responsáveis pela infeção nas úlceras do pé diabético.

3. Determinar os padrões de suscetibilidade aos antibióticos dos isolados bacterianos, de modo a orientar os médicos na seleção da terapia antimicrobiana adequada.

CAPÍTULO 4. MATERIAL E MÉTODOS:

Recolha de amostras

Os doentes foram obrigados a sentar-se confortavelmente numa cadeira. A área circundante da úlcera foi limpa com salmoura, iodopovidona e solução salina normal estéril com uma compressa de algodão com salmoura. A úlcera foi lavada com solução salina normal estéril, o tecido morto superficial e o esfacelo foram removidos com uma tesoura e um bisturi estéreis. A úlcera foi então desbridada com bisturis esterilizados e foram colhidas amostras de cada doente para preparação de esfregaços e cultura. Os esfregaços foram preparados na cabeceira da cama a partir da primeira amostra de tecido, esmagando-a entre duas lâminas de vidro e fixando-a a quente. A segunda amostra de tecido foi inoculada em caldo Brain Heart Infusion (BHI) imediatamente após a colheita na cabeceira para cultura aeróbia, tomando precauções asséépticas e rotuladas.

Microscopia direta:

Coloração de Gram: (Método de Hucker modificado)[(196,197)]

Procedimento

1. O esfregaço foi efectuado rolando a zaragatoa sobre uma lâmina de vidro, seca ao ar e depois fixada ao calor.
2. Cobrir o esfregaço com violeta de cristal (corante básico) e deixar repousar durante 1 minuto.
3. O esfregaço foi lavado suavemente com água da torneira.
4. Cobrir o esfregaço com iodo de Gram (mordente) e deixar repousar durante 1 minuto.
5. O esfregaço foi novamente lavado com água da torneira.
6. Descolorar o esfregaço com álcool a 95% durante 10 segundos.
7. Lavar novamente o esfregaço com água da torneira.
8. O esfregaço foi coberto com safranina (contracoloração) durante 30 segundos a 1 minuto.
9. O esfregaço foi novamente lavado com água da torneira.
10. O esfregaço foi observado primeiro com uma objetiva de baixa potência (10x) para localizar a área adequada para exame e depois com uma objetiva de imersão em óleo (100x)
11. As observações foram registadas no livro de notas.

□ Os esfregaços foram examinados quanto à presença de células de pus, células epiteliais e bactérias - Gram positivas e Gram negativas - com pormenores sobre a sua disposição e proporção aproximada. Células de pus e células epiteliais - registadas como poucas, em pequeno número, moderadas e muitas.

C. Cultura :

As amostras de pus foram inoculadas em:

□ Ágar sangue (BA)

□ Ágar de MacConkey (MA)

□ Ágar de sal de manitol (MSA)

D. Método de cultura

A cultura foi efectuada pelo método de rotina Streak Plate. A zaragatoa de pus foi rodada sobre uma pequena área de superfície de uma placa de cultura esterilizada e foi feito um inóculo primário. O inóculo foi então distribuído em camadas finas sobre a placa, espalhando-o com uma ansa numa série de linhas paralelas, em diferentes segmentos da placa. A ansa foi inflamada e arrefecida entre os diferentes conjuntos de estrias. Durante a incubação, o crescimento era confluente no local da inoculação primária, mas tornou-se progressivamente mais fino e obtiveram-se colónias bem separadas na série final de estrias.(198)

Incubação

□ Após a inoculação, as placas de cultura foram incubadas numa estufa a 37 °C.

□ Após uma incubação nocturna, as placas de cultura foram examinadas quanto ao crescimento dos organismos.

Personagens da colónia

□ Os caracteres das colónias foram registados em relação à cor, tamanho em mm, forma (redonda/ circular), convexa ou plana, húmida ou seca, superfície (lisa ou rugosa). Produção de pigmentos, caso exista,

□ Tipo de hemólise (alfa, beta, gama) na placa de ágar-sangue.

□ Na placa de ágar MacConkey, colónias que fermentam ou não fermentam a lactose.

□ Prepararam-se esfregaços de colónias em placas de cultura coradas pelo método de Gram e anotou-se a morfologia dos organismos, que deve corresponder aos esfregaços directos.

IDENTIFICAÇÃO:

Os isolados bacterianos foram identificados por testes bioquímicos padrão e comparados com diferentes estirpes de controlo positivas e negativas.

Teste da catalase: Este teste distingue os organismos *Staphylococcus*, que são catalase positivos, das espécies de Streptococcus, que são catalase negativos.

Princípio:

A catalase é uma enzima que converte o peróxido de hidrogénio em água e oxigénio nascente. A presença de catalase pode ser facilmente detectada pelo método da lâmina.

Procedimento: Colocou-se uma gota de peróxido de hidrogénio a 3% na lâmina e as bactérias foram emulsionadas na mesma.

Interpretação:

Teste positivo: Presença de bolhas

Teste negativo: Sem formação de bolhas

Teste da coagulase para estafilococos - dois tipos:

Teste de coagulase em lâmina:

O teste da coagulase em lâmina detecta a coagulase ligada. Uma lâmina de vidro limpa foi dividida em 2 partes com um lápis marcador e etiquetada como área de controlo e área de teste. Foram colocadas 2 gotas de soro fisiológico na lâmina de vidro e algumas colónias de bactérias foram emulsionadas na mesma. Em seguida, adicionou-se 1 gota de plasma à emulsão de teste, misturou-se com ela e observou-se a aglutinação no espaço de 1 minuto.

Teste de coagulase em tubo:

O teste da coagulase em tubo detecta a coagulase livre extracelular. Cerca de 0,1 ml de uma cultura em caldo jovem ou de uma suspensão de cultura em ágar do isolado foi adicionado a cerca de 0,5 ml de plasma humano ou de coelho num tubo de ensaio estreito. O EDTA, o oxalato ou a heparina podem ser utilizados como anticoagulantes para preparar o plasma. O citrato não foi recomendado porque pode ser utilizado por algumas bactérias contaminantes, provocando resultados falsos positivos. Foram também estabelecidos controlos positivos e negativos. Os tubos foram incubados num banho de água a 37°C durante 3 a 6 horas. No teste positivo, o plasma coagulou e não fluiu quando o tubo foi inclinado. Não foi recomendada uma incubação contínua, uma vez que o coágulo poderia ser lisado pelo fibrinogénio formado por algumas estirpes.

Teste de fermentação do manitol

Princípio:

O teste de fermentação do manitol é utilizado como teste de confirmação para a estirpe *Staphylococcus aureus*. Um meio incorporado com uma concentração de 7,5% de cloreto de sódio resulta na inibição parcial ou total de organismos bacterianos que não sejam *estafilococos*. A fermentação do manitol, indicada por uma alteração do indicador vermelho de fenol, que diferencia *o Staphylococcus aureus* de outros *estafilococos*.

Procedimento:

A suspensão bacteriana foi recolhida com a ajuda de um fio reto e espetada num meio de ágar de sal de manitol semi-sólido que foi incorporado num tubo de ensaio e incubado durante uma noite ou 24 horas a 37°C.

Interpretação:

Ensaio positivo: a cor do meio passa de vermelho a amarelo

Teste negativo: sem alteração da cor

Teste de fosfatase:

O Ágar Fosfato de Fenolftaleína é utilizado para a identificação de colónias positivas para fosfatase de *Staphylococcus aureus.*

Princípio:

A produção de fosfatase é determinada pela libertação de fenolftaleína livre, que é indicada por uma mudança na cor do ágar. Quando uma cultura deste tipo é exposta a vapores de amoníaco, a fenolftaleína libertada dá uma cor vermelho-rosa brilhante. A digestão péptica de tecido animal e o extrato de carne de bovino fornecem os compostos azotados e os factores de crescimento para o crescimento de *Staphylococcus aureus.* O fosfato de sódio da fenolftaleína serve de substrato para a enzima fosfatase.

Procedimento:

- □ A amostra foi inoculada pontualmente no meio de fosfato
- □ As placas foram incubadas a 370C durante 18 - 24 horas
- □ após a incubação, a cultura foi exposta a vapores de amoníaco.
- □ nos casos positivos, observou-se uma alteração da cor para rosa.

Interpretação:

Teste positivo - Alteração da cor para rosa

Teste negativo - Sem alteração da cor

Teste da desoxirribonuclease (teste da DNase)

Princípio:

É utilizado para a deteção da atividade de desoxirribonuclease de *S. aureus. O S. aureus* produz a enzima desoxirribonuclease que hidrolisa o ADN.

Procedimento:

□ A placa de ágar DNAase preparada foi dividida em quatro secções diferentes.

□ A colónia a ser testada foi inoculada em secções divididas.

□ As culturas DNase positivas e negativas conhecidas são também incluídas como controlos.

□ As placas foram incubadas durante 18 - 24 horas a 370C.

□ Após a incubação, as placas foram inundadas com ácido clorídrico a 3% para precipitar o ADN não hidrolisado.

□ Após alguns minutos de repouso, as placas foram examinadas contra um fundo escuro. O ADN não hidrolisado foi precipitado por zonas claras e não turvas à volta da mancha

culturas.

Interpretação:

Teste positivo: Zona clara à volta das colónias.

Teste negativo: Ausência de zona à volta das colónias

Testes para *Streptococcus pyogenes*

Um método conveniente para a identificação de *Streptococcus pyogenes* baseia-se na observação de Maxted de que são mais sensíveis à bacitracina do que outros *estreptococos.* Um disco de papel de filtro mergulhado numa solução de bacitracina (1 unidade/ml) foi aplicado na superfície de um ágar sangue inoculado. Após incubação de um dia para o outro, observou-se uma ampla zona de inibição com *Streptococcus pyogenes*, mas não com outros estreptococos. Mais de 10% dos grupos B, C e G também eram susceptíveis à bacitracina. O teste foi efectuado juntamente com Sulfametoxazol Trimetoprim (SXT). Os grupos C e G foram sensíveis à SXT.

Testes para espécies de *Enterococcus*

□ **Teste de ágar esculina biliar:**

Princípio:

O teste da esculina biliar baseia-se na capacidade de certas bactérias, nomeadamente os estreptococos do grupo D e as espécies de Enterococcus, para hidrolisar a esculina na presença de bílis (4% de sais biliares ou 40% de bílis). A esculina é um derivado glicosídico do cumarim. A esculina é incorporada num meio que contém 4% de sais biliares. As bactérias que são esculina biliar positiva são, em primeiro lugar, capazes de crescer na presença de sais biliares. A hidrólise da esculina no meio resulta na formação de glucose e de um composto chamado esculetina. A esculetina, por sua vez, reage com iões férricos (fornecidos pelo componente inorgânico do meio, o citrato férrico) para formar um complexo negro difusível.

Procedimento

1. Com um fio ou uma ansa de inoculação, foram colhidas duas ou três colónias de *Streptococcus* morfologicamente semelhantes e inoculadas na parte inferior do meio de esculina biliar com um movimento em forma de "S".

2. Incubar o tubo a 35°C durante 24 - 48 horas numa incubadora de ar ambiente.

Interpretação:

Teste positivo: O escurecimento difuso de mais de metade da lâmina no espaço de 24 a 48 horas indica hidrólise da esculina.

Teste negativo: Sem alteração da cor do meio.[(199)]

Crescimento a 45°C:

A maioria das espécies de *Enterococci* pode crescer em 48 horas a 45°C. As colónias isoladas em ágar sangue foram inoculadas em caldo Brain Heart Infusion e incubadas a 45°C durante 48 horas. Depois disso, 100 µl de caldo foram inoculados em ágar-sangue e incubados a 37°C durante 24 horas.

Interpretação:

Ensaio positivo: Crescimento em ágar sangue

Teste negativo: Sem crescimento em ágar sangue[(200)]

Teste da oxidase:

Princípio:

Determinar a presença de uma enzima citocromo oxidase que catalisa a oxidação do citocromo reduzido pelo oxigénio molecular.

Procedimento:

Foi utilizada uma solução recentemente preparada de dicloridrato de tetra-metil-parafenileno diamina a 1% (reagente de oxidase). Existem diferentes métodos para efetuar este teste. Um disco de oxidase (da Himedia) foi untado com o organismo em estudo. Numa reação positiva da oxidase, a área manchada tornou-se roxa profunda em 10 segundos. Foi sempre incluído um controlo positivo da oxidase (espécie *Pseudomonas*) para verificar o funcionamento da tira de oxidase.

Interpretação:

Positivo - Púrpura profundo em 10 segundos

Negativo - Sem alteração da cor

2. Ensaio do indole

Princípio:

É a capacidade de um organismo para decompor o aminoácido triptofano em indol. O triptofano é decomposto por uma enzima triptofanase produzida por certas bactérias.[201] A produção de indol foi detectada inoculando a bactéria testada em água peptonada (rica em triptofano) e incubando-a a 37°C durante 48 - 96 horas. Adicionou-se 0,5 ml de reagente de Kovac ao crescimento bacteriano e agitou-se suavemente.

Interpretação:

Positivo-Um anel de cor vermelha junto à superfície do meio,

Negativo-Anel de cor **amarela** junto à superfície do meio.

Teste do vermelho de metilo (MR)

Princípio:

Este teste detecta a produção de ácido suficiente durante a fermentação da glucose por bactérias e a manutenção sustentada de um pH inferior a 4,5.

Procedimento:

O organismo de teste foi inoculado em caldo de fosfato de glucose e incubado a 37°C durante 2 a 5 dias. Em seguida, adicionaram-se 5 gotas de uma solução de vermelho de metilo a 0,04%, misturaram-se bem e leram-se imediatamente os resultados.

Interpretação:

Positivo - Cor vermelha,

Negativo - Cor amarela.

Teste Voges - Proskauer (VP)

Princípio:

O teste depende da produção de acetilmetilcarbinol (acetoína) a partir do ácido pirúvico no meio. Na presença de álcalis e de oxigénio atmosférico, a acetoína é oxidada a diacetilo, que reage com o alfa-naftol para dar cor vermelha.

Procedimento:

O organismo de teste foi inoculado em caldo de fosfato de glucose e incubado a 37°C durante 48 horas. Em seguida, adicionou-se 1 ml de KOH a 40% e 3 ml de uma solução a 5% de a-naftol em álcool absoluto.

Interpretação:

Positivo - Cor-de-rosa em 2-5 minutos

Negativo - Incolor durante 30 minutos.

Teste do citrato

Princípio:

É a capacidade de um organismo de utilizar o citrato como única fonte de carbono para o seu crescimento, com a consequente alcalinidade.

Procedimento:

Foi utilizado um meio sólido (de Simmon). Uma colónia bacteriana foi colhida com um fio reto e inoculada no meio de citrato de Simmon e incubada a 37°C durante uma noite.

Interpretação:

Positivo - Cor azul intensa

Negativo - Sem alteração da cor (cor verde).

Ensaio em ágar ferro com três açúcares (TSI)

Princípio:

Determinar a capacidade de um organismo para atacar hidratos de carbono específicos incorporados num meio de crescimento, com ou sem a produção de gás, juntamente com a determinação da possível produção de sulfureto de hidrogénio (H2S).

Procedimento:

O TSI é um meio composto que contém três hidratos de carbono, nomeadamente glucose, lactose, sacarose e também sais férricos para testar a produção de H2S. A concentração de lactose e sacarose é 10 vezes superior à da glucose no meio. O vermelho de fenol é incorporado como indicador. Este meio é largamente utilizado e apresenta-se sob a forma de um rabo e inclinado no tubo de ensaio. O meio foi inoculado com cultura bacteriana através de um fio reto perfurado profundamente na extremidade (cultura de punhalada) e incubado a 37°C durante uma noite.

Interpretação:

Cor amarela (ácida) - fermentação de hidratos de carbono

Cor vermelha (alcalina) - Sem fermentação

Bolhas no rabo - O gás também é produzido durante a fermentação dos hidratos de carbono Enegrecimento do meio - Produção de H2S.

As várias combinações possíveis das diferentes reacções ETI são enumeradas a seguir; recordando que a reação oblíqua é a primeira, seguida da reação de topo

K/A (vermelho/amarelo) - Fermentado apenas com glucose

A/A (amarelo/amarelo) - Fermentado com glucose, lactose e/ou sacarose.

K/K (vermelho/vermelho) - Nem a glucose, nem a lactose, nem a sacarose são fermentadas.

K - Alcalino

A - Ácido

Teste da urease:

Princípio:

É a capacidade de um organismo produzir uma enzima urease. A urease divide a ureia em amoníaco. O amoníaco torna o meio alcalino e, por conseguinte, o indicador vermelho de fenol muda para cor-de-rosa/vermelho.

Procedimento:

Uma colónia bacteriana foi colhida com um fio reto e inoculada no meio de Christensen e incubada a 37°C. Foi examinada após 4 horas e após incubação nocturna.

Interpretação:

Positivo - Cor-de-rosa

Negativo - Cor amarela pálida

Ensaio do ácido fenil pirúvico (PPA)

Princípio:

Determinar a capacidade de um organismo para desaminar a fenilalanina em ácido fenilpirúvico (PPA). Este teste é também vulgarmente designado por teste PPA

Procedimento:

Um meio contendo fenilalanina foi inoculado com um crescimento de cultura bacteriana. E incubado a 37°C durante uma noite. Foram adicionadas algumas gotas de solução de cloreto férrico a 10%.

Interpretação:

Positivo - Cor verde

Negativo - Sem alteração da cor

Teste de fermentação do açúcar :

Diretor:

Este teste é efectuado para determinar a capacidade de um organismo fermentar um hidrato de carbono específico incorporado num meio que produz ácido ou ácido com gás. Este é detectado pelo indicador de Andrade e pelo tubo de Durham.

Procedimento:

O organismo de teste foi inoculado num meio de açúcar e incubado a 37°C durante 18-24 horas.

Interpretação:

Positivo - Vermelho rosado (ácido)

Negativo- Amarelo a incolor (alcalino)

A produção de gás era vista como bolhas no tubo de Durham.[199]

SENSIBILIDADE ANTIBIÓTICA: (método Kirby Bauer)

O teste de sensibilidade aos antibióticos foi efectuado de acordo com as directrizes CLSI.

i. Preparou-se uma diluição adequada de uma cultura em caldo ou de uma suspensão em caldo da bactéria em estudo (0,5 Mc padrões farland).

ii. Nos 15 minutos seguintes ao ajuste da turvação da suspensão de inóculo, mergulhou-se uma zaragatoa de algodão estéril na suspensão ajustada. A zaragatoa foi rodada várias vezes e pressionada firmemente na parede interna do tubo acima do nível do fluido. O objetivo era remover o excesso de inóculo da zaragatoa.

iii. A superfície seca de uma placa de ágar Mueller-Hinton foi inoculada, espalhando a zaragatoa sobre toda a superfície estéril do ágar.

iv. Este procedimento foi repetido por sementeira mais duas vezes, rodando a placa aproximadamente 60° de cada vez para assegurar uma distribuição uniforme dos inóculos. Como passo final, o esfregaço foi rodado no bordo do ágar.

v. Os discos antimicrobianos (12 discos para uma placa de 150 mm e 6 discos para uma placa de 90 mm) foram aplicados na superfície da placa de ágar inoculada.

vi. Cada disco foi pressionado para assegurar um contacto completo com a superfície do ágar.

vii. Inverter a placa e incubar a 37°C.[202]

CAPÍTULO 5. ATLAS A CORES

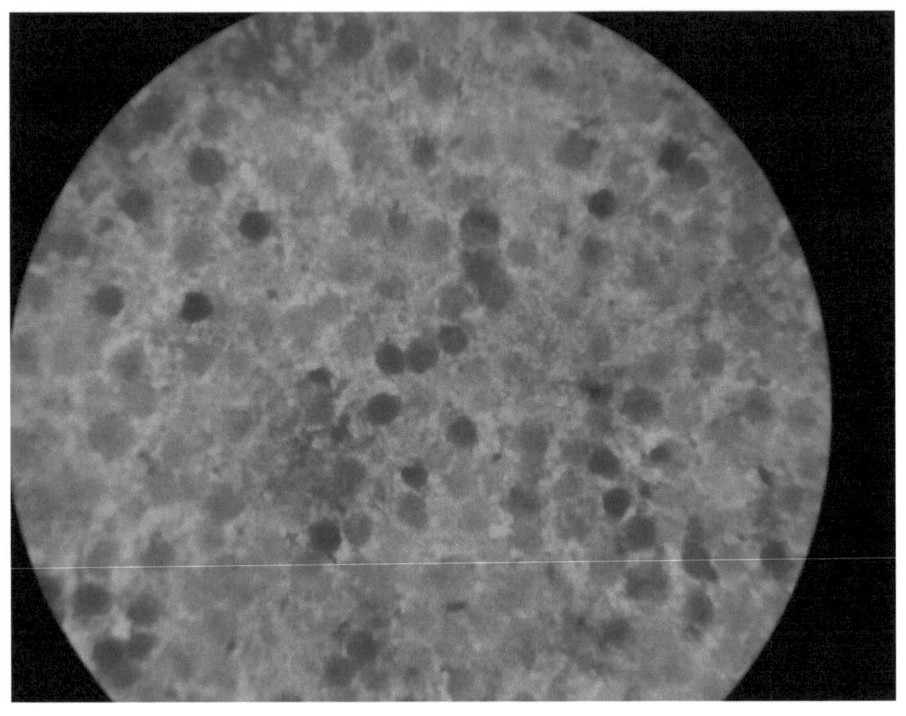

Fig. Gram staining of direct smear showing Gran negative bacilli with pus cell

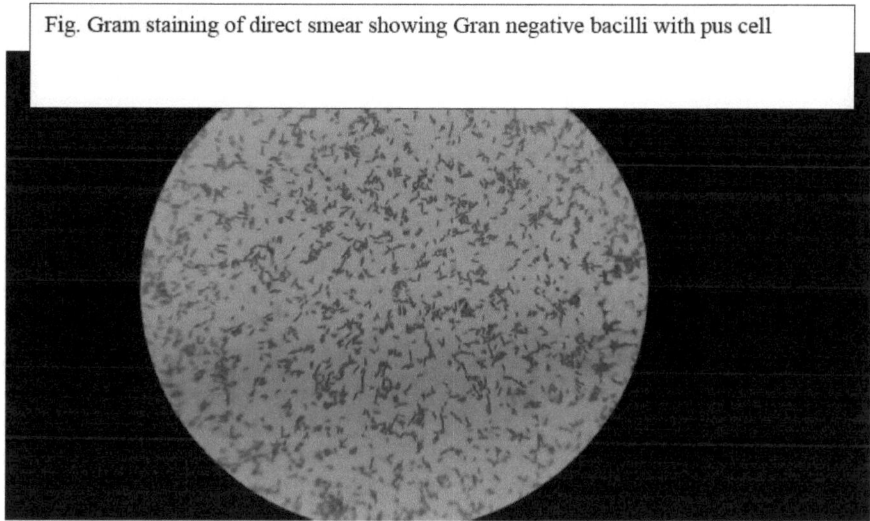

Fig. Gram staining of culture growth colony showing pink colour gram negative bacilli

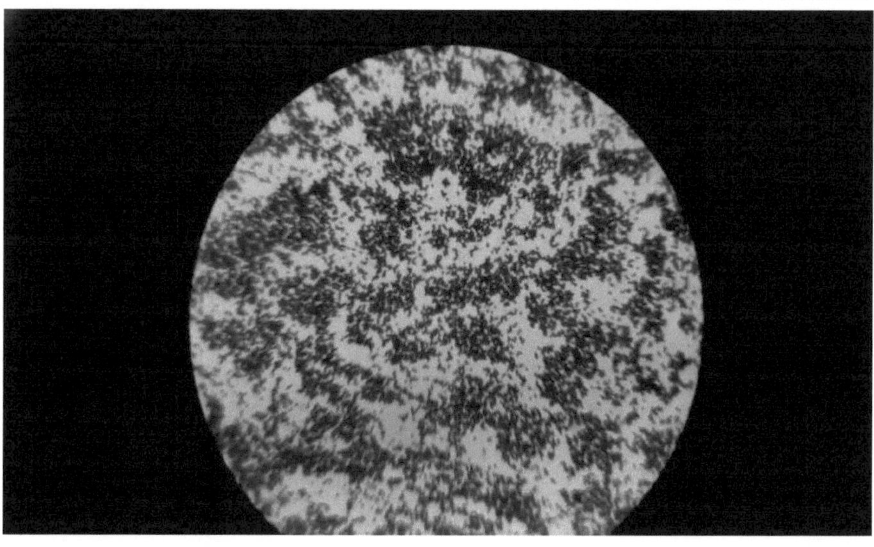

Fig. Coloração de Gram do organismo de crescimento da cultura mostrando cocos gram positivos de cor púrpura

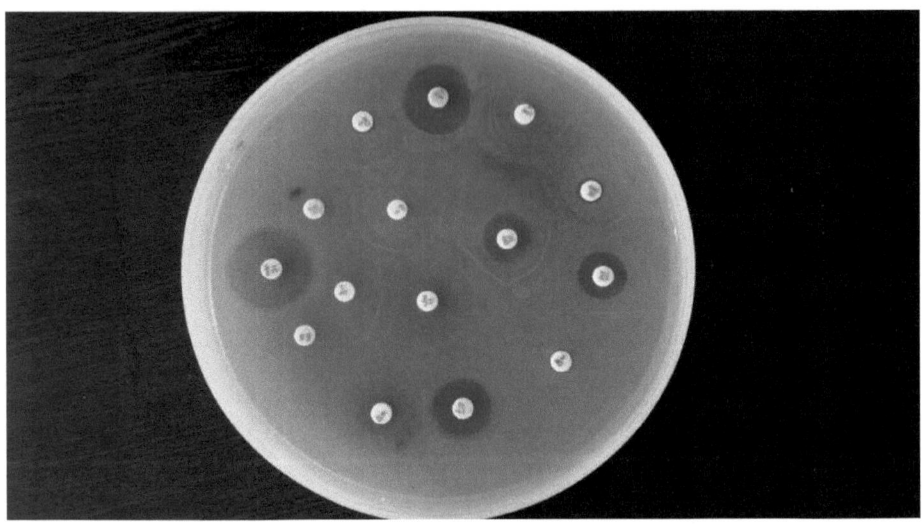

Fig. Teste de sensibilidade aos antibióticos pelo método de difusão em disco de Kirby Bauer que revela um organismo multirresistente

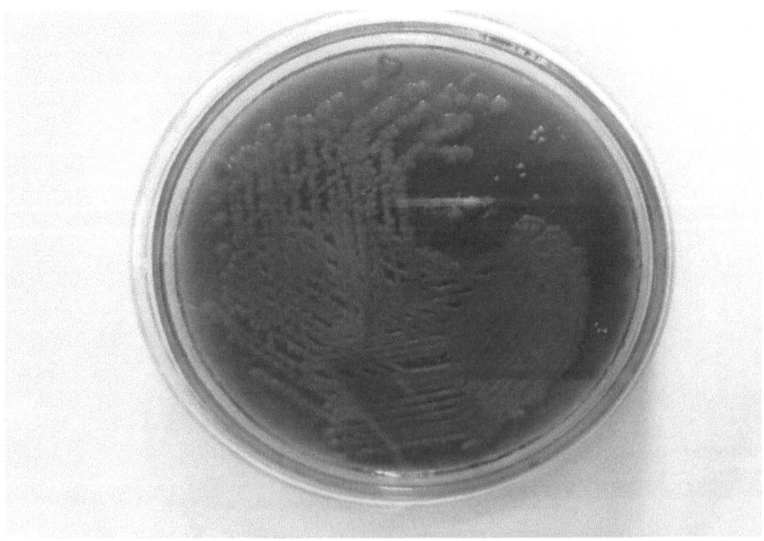

Fig. Mostrando colónias que fermentam a lactose na placa de ágar MacConkey

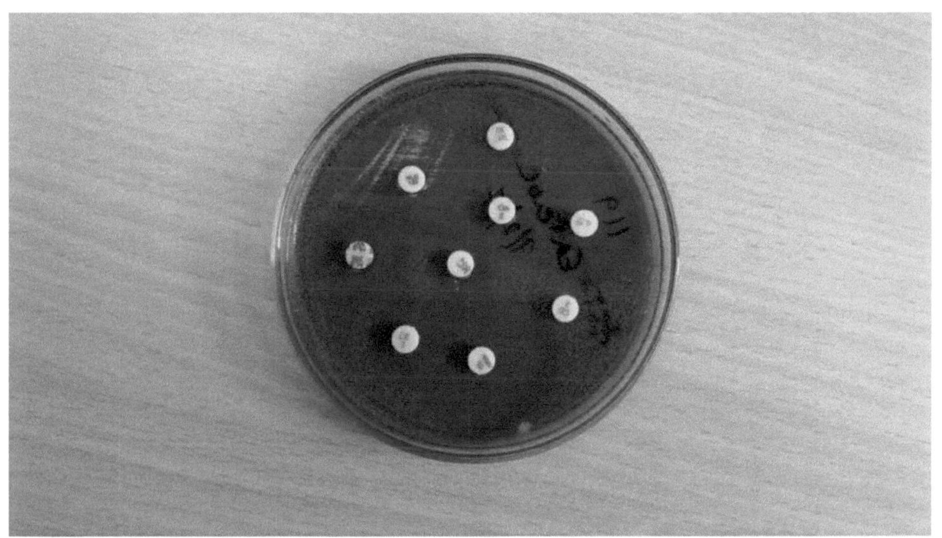

Fig. Teste de sensibilidade aos antibióticos de espécies de Enterococcus em placa de ágar-sangue

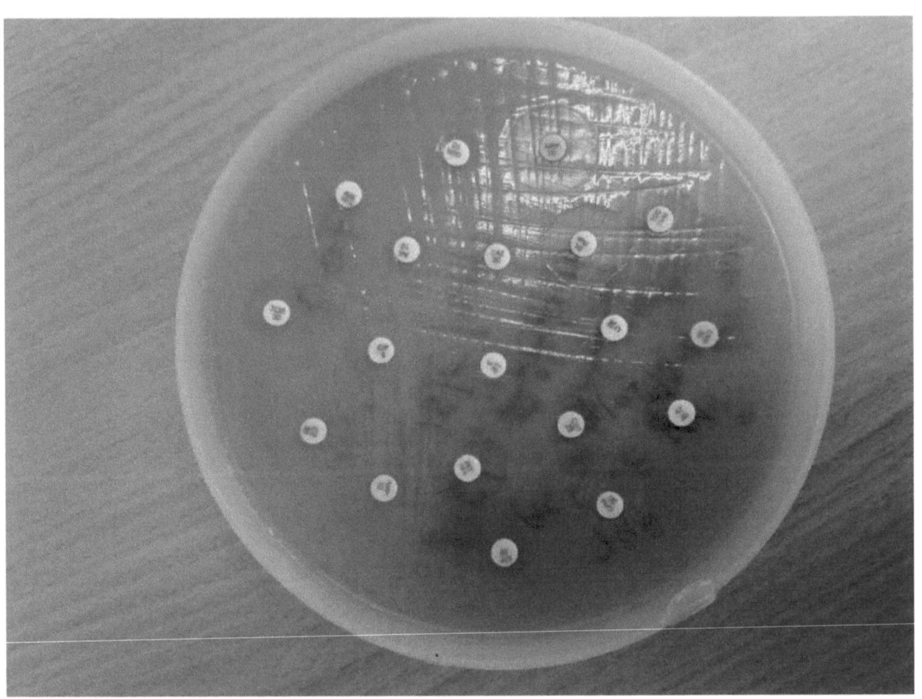

Fig. Teste de sensibilidade aos antibióticos de bactérias gram-negativas pelo método de difusão em disco de Kirby Bauer.

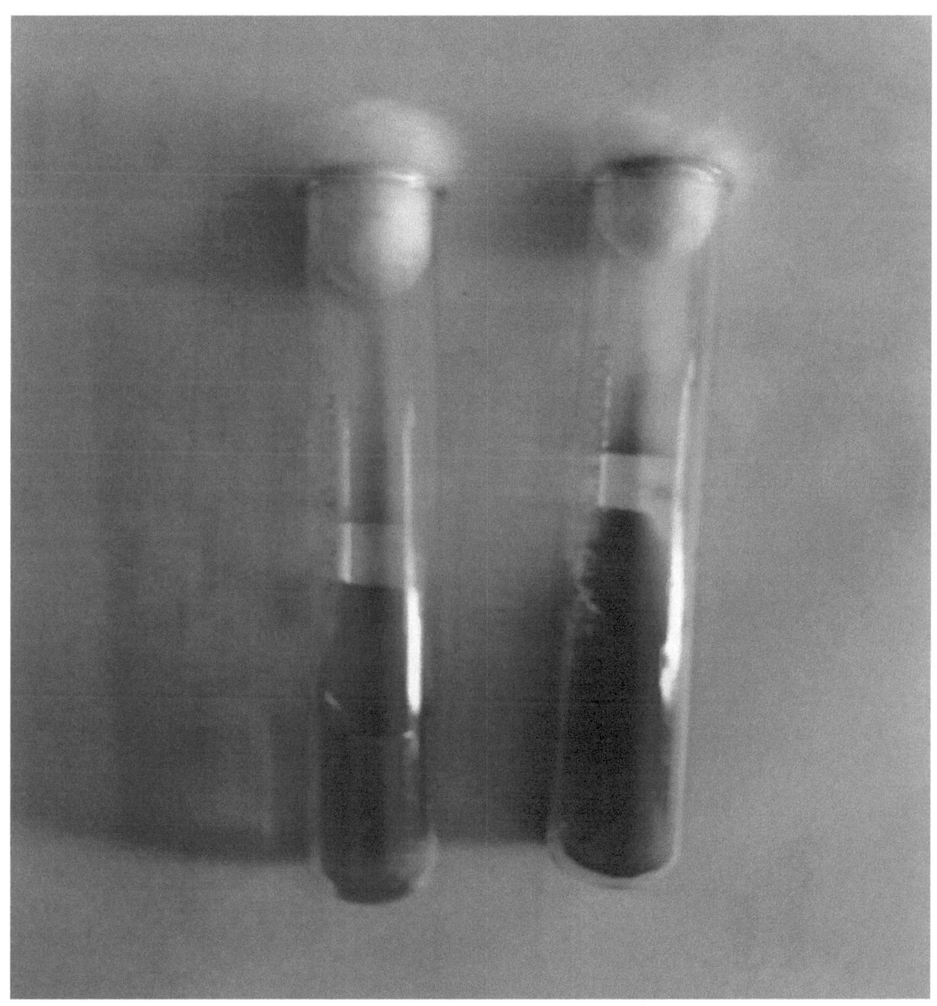

Fig. Teste de produção de urease cor-de-rosa mostrando resultado positivo

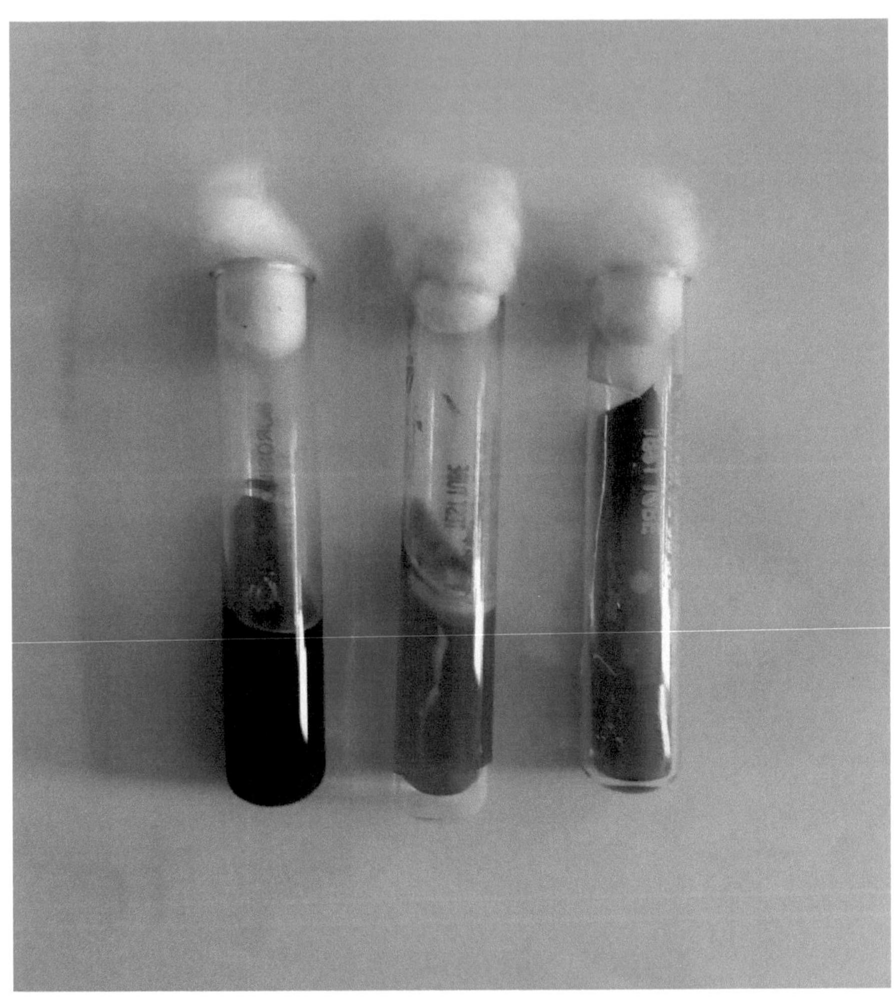

Fig. Teste triplo de ágar ferro com açúcar mostrando várias reacções

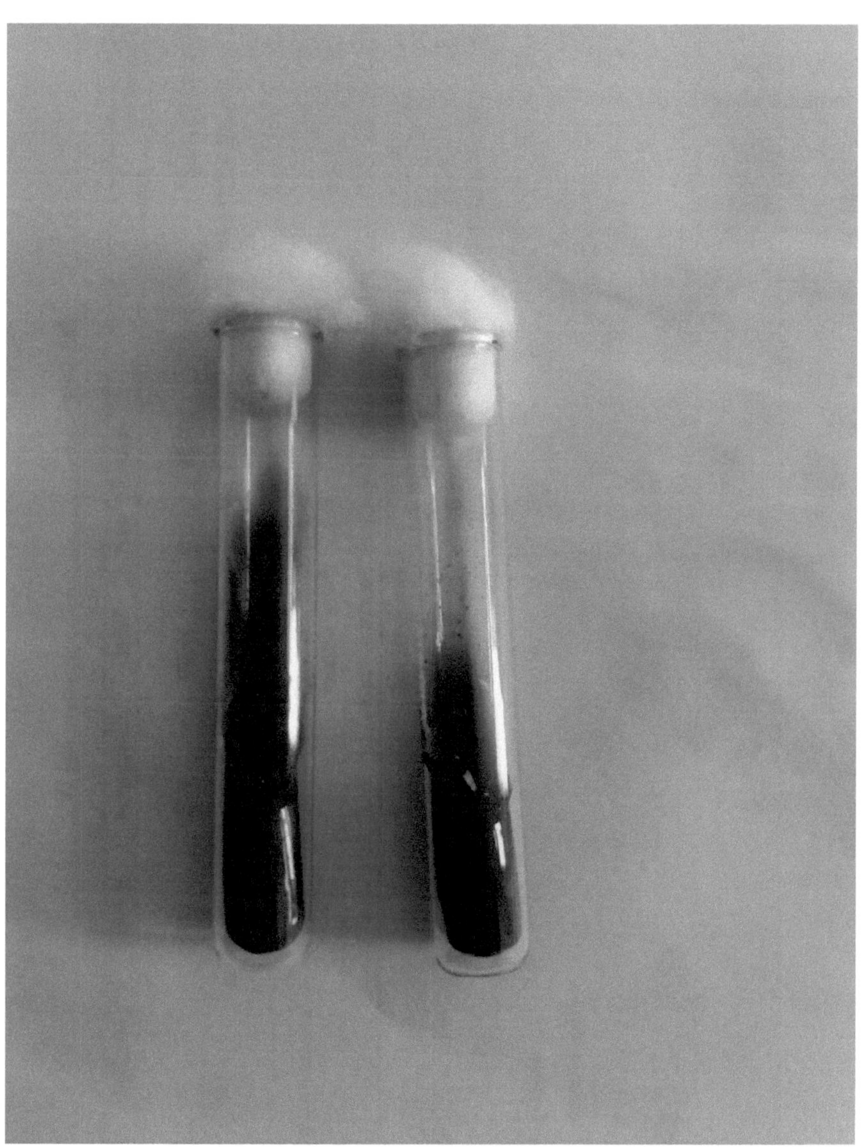

Fig. Teste de utilização de citrato de cor azul com resultado positivo

CAPÍTULO 6. RESULTADO

1. Distribuição etária e por sexo dos doentes com pé diabético.

Idade	Homens	Mulheres
30-40	6(6.38)	4(10)
41-50	8(34)	6(15)
51-60	32(42.53)	10(25)
61-70	40(20)	18(45)
>70	8(8.5)	2(5)
Total	94(100)	40(100)

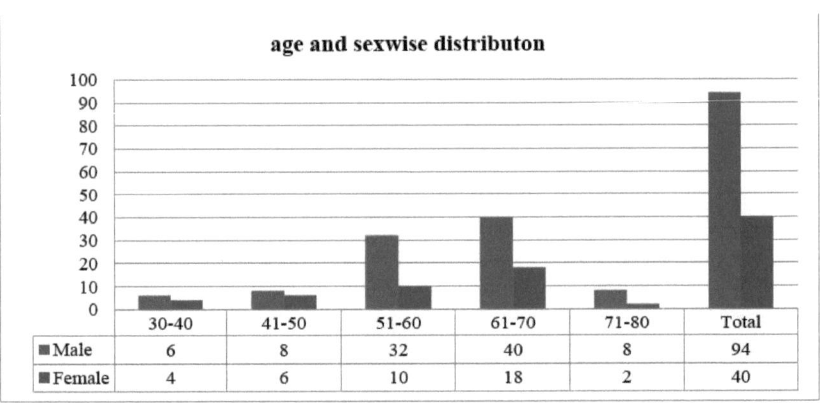

2. Duração da infeção do pé.

Duração	Número
< 3 meses	98(73.13)
>3 meses	36(26.86)
Total	134(100)

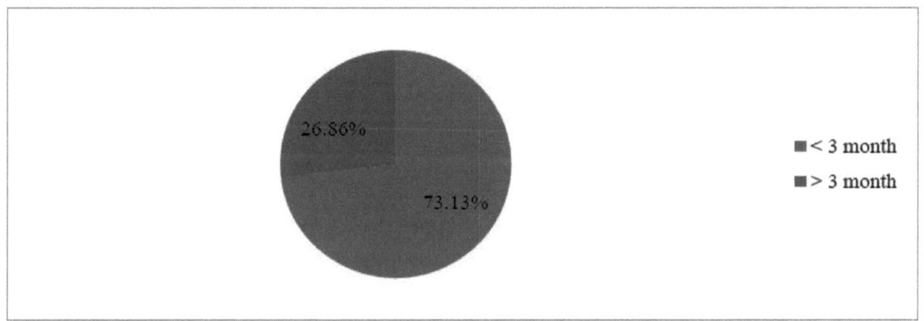

3. Local da infeção.

Pé	Número (%)
Certo	70(52.23)
Esquerda	58(43.28)
Bilateral	6(4.47)
Total	134(100)

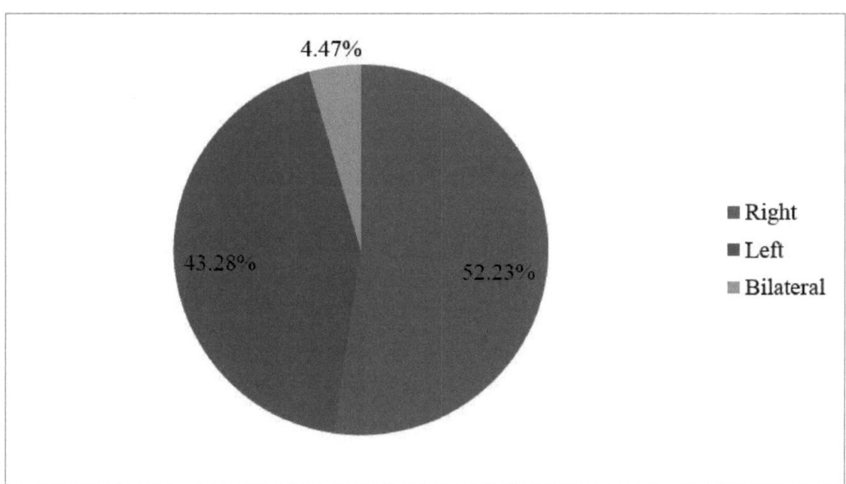

4. De acordo com a distribuição do grau de Wagner do doente com pé diabético.

Grau	Número
1	28(20.89)

2	66(49.25)
3	24(17.91)
4	16(11.94)
Total	134(100)

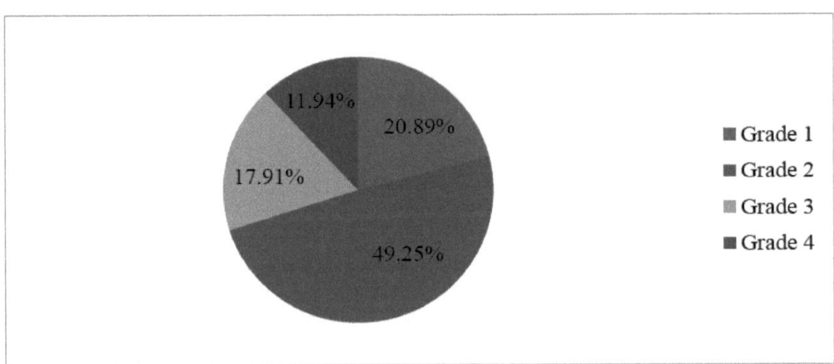

5. **Distribuição dos isolados**.

Organismo	Número
Escherichia coli	32(23.18)
Klebsiella pneumoniae	18(13.04)
Pseudomonas aeruginosa	6(4.34)
Enterobacter	10(7.24)
Espécies de Citrobacter	12(8.69)
Espécies de Proteus	8(5.79)
Espécies de Acinetobacter	14(10.14)
Staphylococcus aureus	20(14.49)
Espécies de Enterococcus	14(10.14)
Espécies de Streptococcus	4(2.89)
Total	138(100)

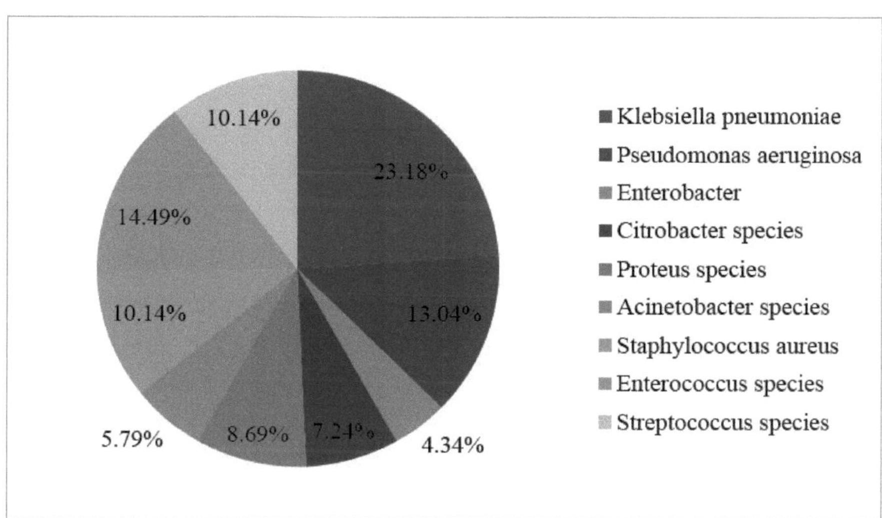

6. **Padrão de sensibilidade aos antibióticos do GNB.**

Organismo	AMP	AS	PIT	CTX	CTR	CAZ	CX	AK	CIP	GEN	IPM	PM
Escherichia coli	50.23	65.78	62.89	43.34	45.46	35.12	65.34	77.3 9.08	61.45	40.65	85.54	83.11
Klebsiella pneumoniae	45.45	43.89	45.11	53.43	15.23	53.23	47.45	78.34	40.45	32.46	94.13	92.344
Pseudomonas aeruginosa	35.54	37.29	30.22	43.67	17.44	47.76	47.23	76.45	34.52	45.54	95.54	95.43
Espécies de Enterobactr	52.77	56.65	70.39	54.47	55.23	65.78	45.34	80.56	54.37	50.76	96.35	96.23
Espécies de Proteus	32	25.36	56.87	37.89	34.23	65.56	57.76	67.65	53.54	32.82	87.54	85.43
Acinetobacter spp	43.12	50.64	67.4	41.43	34.45	25.79	34.45	78.24	42.57	40.34	90.76	90.45

7. **Padrão de sensibilidade aos antibióticos da GPC.**

Organismo	OX	CX	E	CD	LZ	VA	RIF	CH	COT	CIP	GEN	AK	TE
Staphylococcus aureus	35.5	47.43	38.54	50.5	73.34	95.11	65.29	67.77	53.12	52.68	47.93	89.12	72.54
Enterococcus spp	32.5	50.23	35.43		75.09	97.76	52.34	62.67	57.31	51.59	41.33	85.54	65.67

CAPÍTULO 7. DEBATE

A úlcera do pé diabético é a complicação mais amplamente percepcionada que requer hospitalização entre os doentes diabéticos. É, da mesma forma, a explicação mais comum para as evacuações não traumáticas do ponto mais baixo. Os médicos têm um papel essencial na aversão, deteção precoce e tratamento das complexidades do pé diabético. A gestão, seja como for, implica uma ampla aprendizagem dos elementos de risco significativos para a remoção e apoio preventivo. Este estudo permitiu-nos avaliar o nível deste problema neste hospital.

Uma grande variedade de microorganismos pode provocar doenças nestes doentes. Embora as infecções dos pés com diabetes sejam inicialmente tratadas de forma exacta. O tratamento que é coordenado com a forma de vida causadora conhecida pode fazer avançar o resultado. Este estudo planeado foi realizado para avaliar a infeção do pé diabético, os agentes patogénicos causadores e os perfis de afetação antimicrobiana dos Separados. No presente estudo, verificou-se uma relação notável entre a ulceração do pé diabético e parâmetros clínicos como a orientação sexual masculina, a duração da diabetes superior a 10 anos, a diabetes mellitus não insulino-dependente (NIDDM) e a duração da infeção do pé superior a um mês. Outros elementos contribuintes, por exemplo, a neuropatia, além das doenças vasculares, estavam disponíveis na altura da discussão.

No presente estudo, **a Tabela 1** mostra que 67 doentes foram distinguidos, dos quais 47 eram homens e 20 eram mulheres, com uma proporção de 2,3:1 entre homens e mulheres. A idade variava entre os 20 e os 80 anos, sendo a idade média de 58,7 anos. As infecções do pé diabético foram as mais notáveis na faixa etária dos 61-70 anos, seguidas da dos 51-60 anos. Foram isoladas 69 bactérias nestes 57 doentes. Em 45 (78,94%) doentes foi isolado apenas um único agente patogénico, enquanto em 12 (21%) doentes foram isolados dois agentes patogénicos. No estudo de Mohammad Zubair, 60 doentes com pé diabético concentraram a proporção de homens e mulheres de 1,6:1. O período normal de vida dos doentes era de 48,7±11,4 anos. A maioria dos doentes, 38 (63,3%), encontrava-se na faixa etária dos 41-60 anos. A contaminação monomicrobiana e a doença polimicrobiana foram observadas em 63,38% e 34,61% dos doentes.(203) A duração da doença foi de <3 meses em 49 (73,13%) e > 3 meses em 18 (26,86%). **Tabela n.º 3.** A infeção do pé direito foi maior em 35 (52,23%), seguida do esquerdo em 29 (43,28%) e dos dois lados em 3 (4,47%). **Tabela n.º 4.** Distribuição da infeção do pé diabético de acordo com o grau de Wagner, o número mais surpreendente foi o grau 2 e o mínimo o grau 4. Este estudo é igualmente apoiado por G.S. Banashankari.(204) Pensamento semelhante de Jasmine Janife, o tempo médio dos sujeitos da revisão agregada foi de 57,4 anos e a duração da diabetes variou de 1-30 anos com um prazo médio de 11,9 ± 7,9 anos. 502 (52,2%) doentes tinham úlcera no pé esquerdo e 459 (47,8%) no pé direito. 152 (15,8%) doentes apresentavam úlcera de grau 1 de Wagner, 463 (48,2%) apresentavam úlcera de grau 2. 267 (27,8%) tinham úlcera de revisão 3 e

79 (8,2%) tinham úlcera de grau 4.(205) Este concentrado reforçou igualmente a revisão de Sharma VK.(206) Na presente revisão, **Tabela nº 5.** Microrganismos que estão desligados da infeção do pé diabético *Escherichia coli* (23,3%) foi a bactéria dominante separada por *Staphylococcus aureus* (14%) e outros organismos microscópicos. Na presente revisão, um agregado de 69 estirpes bacterianas foi desativado. Isto inclui tanto os micróbios gram-negativos 50 (72,46%) como os gram-positivos 19 (27,53%). Desta forma, afirma-se que as razões para a doença do pé diabético mais por micróbios gram-negativos em duas revisões comparativas tardias, os microrganismos gram-negativos foram os operadores mais comuns(207,208) . Seja como for, outras análises anteriores registaram os micróbios gram-positivos como as formas de vida dominantes relacionadas com a infeção do pé diabético.(209,-211). **As tabelas n.º 6** e **7** demonstram o exemplo de afetividade antimicrobiana dos GNBs e GPCs contra diferentes operadores antimicrobianos normalmente utilizados. Entre as anti-toxinas experimentadas, o GNB foi profundamente sensível ao imipenem (91,64%), seguido do meropenem (90,49%) e da amicacina (83%). O GPC foi profundamente sensível à vancomicina (92,87%), seguida da amicacina (87%) e da medicação antibiótica (69,1%). A amicacina foi a mais delicada contra o GNB e o GPC. As informações do presente estudo diferem das de outros estudos.(212)

Verificou-se que os isolados Gram negativos eram susceptíveis ao imipenem (100%), seguido da polimixina-B (88%), da piperacilina/tazobactam (38%), da amicacina (38%), da gatifloxacina (38%), da ampicilina/sulbactam (25%) e da gentamicina (25%). Verificou-se que os isolados Gram positivos eram susceptíveis à vancomicina (100%), à linezolida (100%), seguida da tetraciclina (90%), da ampicilina/sulbactam (70%) e da neomicina (70%), da amoxicilina (40%) e do cotrimoxazol (40%).(213)

CAPÍTULO 8. CONCLUSÃO

- As infecções do pé diabético são uma das complicações mais comuns e degradantes da diabetes.
- É mais comum nas 5th e 6th décadas de vida
- Os homens são as vítimas mais comuns.
- A maioria dos doentes com úlceras do pé diabético tinha diabetes há 10-14 anos.
- A maioria das úlceras nos pés foi encontrada em diabéticos do tipo 2.
- A duração da úlcera foi de 5-7 meses na maioria dos doentes.
- A úlcera do pé estava associada a corrimento purulento, febre, osteomielite, celulite, gangrena gasosa e crepitação.
- A natureza polimicrobiana das infecções foi registada, tendo sido isolada uma média de 2,36 organismos por caso.
- O Staphylococcus aureus foi o organismo predominante, seguido do proteus.
- Assim, é possível constatar que as úlceras do pé diabético albergam uma infeção polimicrobiana.
- Klebsiella spp e pseudomonas spp foram resistentes à maioria dos antibióticos utilizados.
- É muito importante rastrear a diabetes em todos os doentes idosos e informá-los sobre os cuidados a ter com os pés.
- A identificação precoce dos factores de risco e a instituição atempada de um tratamento adequado são indispensáveis para evitar amputações.

APÊNDICE

1 corante de Gram

Violeta cristalino (1%):

Cristal violeta	-10 gms
Metanol	-200 ml
Oxalato de amónio (1%)	-8 gms
Água destilada	-800 ml

Iodo:

Iodo	-10 gms
Iodeto de potássio	-20 gms
Água destilada	-1000 ml

Dissolver o iodeto de potássio em água de lavagem e adicionar o cristal de iodo e depois adicionar água destilada.

Iodo acetona:

Solução-mãe de iodo	-35 ml
Acetona	-965 ml

Solução-mãe de iodo acetona

Iodo	-	7 gms
Iodeto de potássio	-	10 gms
Água destilada	-	10 ml
Álcool	-	90 ml

Safranina: (solução a 0,5%)

Safranina	-	5 gms
Água destilada	-	1000 ml

***2* Ágar sangue :**

Meio de base de ágar-sangue	500ml
(Ágar nutriente)	
Sangue esterilizado-	20 ml

Esterilizar o meio de base, arrefecer até 48-50°C e adicionar 5% de sangue estéril, de forma asséptica. Rodar para misturar bem e deitar em placas de Petri estéreis em quantidades de aproximadamente 20 ml. Quando o ágar estiver endurecido, inverter e incubar uma ou duas placas por lote de 100-200 durante a noite para testar a esterilidade.

Se aparecerem bolhas na placa vertida, passar um bico de Bunsen sobre o ágar antes de este endurecer.

3 Ágar MacConkey:

Peptona	-20 gms
Taurocholato de sódio	-5 gms
Água destilada	-1000 ml
Ágar	-20 gms
Solução de vermelho neutro	-3 ,5 ml
(2% em etanol a 50%)	
Lactose	-100 ml
(solução aquosa a 10%)	

Dissolver a peptona e o taurocolato (sal biliar) na água por aquecimento. Adicionar o ágar e dissolvê-lo no vaporizador ou na autoclave. Se necessário, limpar por filtração.

Ajustar o pH a 7,5. Adicionar a lactose e o vermelho neutro, que deve ser bem agitado, antes da utilização e misturar. Aquecer no autoclave com vapor livre durante 1 hora, depois a 115°C durante 15 minutos e verter as placas.

4 Ágar sal de manitol:

Proteose peptona	-	10 gms
Extrato de carne de bovino	-	1 gms
Cloreto de sódio	-	75 gms
D-Manitol	-	10 gms
Vermelho de fenol	-	0,025 gms
Ágar	-	15 gms
Água destilada	-	1000 ml

(pH final (a 25°C) =7,4)

Suspender 111,02 gramas em 1000 ml de água destilada. Aquecer até à ebulição para dissolver o meio Completamente por autoclavagem a 121°C a 15 psi de pressão durante 15 minutos, misturar bem e verter em placas de Petri estéreis.

5 Ágar Muller Hinton:

Extrato de carne de bovino	-	300 gms
Peptona	-	17,5 gms
Amido	-	1,5 gms
Ágar	-	17 gms
Água destilada	-	1000

ml (pH final=7,4)

Suspender o meio em água destilada, misturar bem e aquecer com agitação frequente. Ferver durante cerca de 1 min, dispensar, esterilizar por autoclavagem a 116°C-121°C durante não mais de 15 min e arrefecer colocando imediatamente num banho de água a 50°C antes de verter.

***6* Meio de ensaio de indole:**

Peptona	- 20gms
Cloreto de sódio	- 5gms
Água destilada	- 1000ml

Ajustar o pH para 7,4 Dispensar e esterilizar por autoclavagem a 121°C durante 15 minutos.

Reagente de Kovac: P. Dimetilo aminobenzaldeído - 10 gms

Álcool isoamílico -	150 ml
HCL concentrado-50	ml

***7* Agar de ferro com açúcar triplo Medidum:**

Extrato de levedura	- 3 gms
Peptona	- 20 gms
Glicose	- 1 gms
Lactose	- 10 gms
Sacarose	- 10 gms
Citrato férrico	- 0,3 gms

Cloreto de sódio -5 gms

Tiossulfato de sódio - 0,3 gms

Ágar - 12 gms

Vermelho de fenol, solução a 0,2%- 12 ml

Água destilada - 100 ml

Aquecer para dissolver os sólidos, adicionar a solução indicadora, misturar e tubular. Esterilizar a 121°C durante 15 minutos e arrefecer para formar declives com extremidades profundas (3cm).

8 Meio de teste de motilidade;

Digestão péptica de tecido animal - 3 gms

Manitol- 2 gms

Nitrato de potássio 1 gm

Vermelho de fenol 0,04 gms

Ágar - 3 gms

Água destilada - 1000 ml

Suspender 26,04 gms em 1000 ml de água destilada. Aquecer para dissolver completamente o meio. Distribuir em tubos e autoclavar a 121°C durante 15 min. Arrefecer o meio na posição vertical.

9 Meio de teste da urease:

Peptone- 1 gms

Glucose- 1 gms

Cloreto de sódio 5 gms

Fosfato monopotássico - 2 gms

Vermelho de fenol 0,012 gms

Ágar- 20 gms

Água destilada- 100 ml

Esterilizar a solução de glucose e ureia por filtração.

Preparar o meio basal sem glucose ou ureia, ajustar o pH para 6,68-6,9 e esterilizar por autoclavagem num balão a 121°C durante 30 minutos, arrefecer até cerca de 50°C, adicionar a glucose e a ureia e tubular o meio como declives profundos.

10 Meio de teste de citrato:

Meio de citrato de Simmon-

Cloreto de sódio	- 5 gms
Sulfato de Mg	- 0,2 gms
Di-hidrogenofosfato de amónio	- 1 gms
Di-hidrogenofosfato de potássio	- 1 gms
Citrato de sódio	- 5 gms
Água destilada	- 1000 ml
Ágar	- 20 gms
Azul de bromotimol (0,2%)	- 40 ml

Dispensar, autoclavar a 121°C durante 15 minutos e deixar endurecer em declives.

11 Água de peptona:

Peptona	-	10 gms
Cloreto de sódio	-	5 gms
Água destilada	-	1000 ml

Dissolver os ingredientes em água morna, ajustar o pH para 7,4-7,5 e filtrar. Distribuir conforme necessário e autoclavar a 121°C durante 15 minutos.

12 <u>Ágar de teste de desoxirribonuclease</u>:

Digestão enzimática da caseína	- 15gms
Digestão enzimática de tecidos animais	-5gms
Cloreto de sódio	-5gms
Ácido desoxirribonucleico	- 2 gms
Ágar	- 15 gms

(pH final= 7,3)

Suspender 42 gms do meio num litro de água purificada. Aquecer com agitação frequente e ferver durante um minuto para dissolver completamente o meio. Autoclavar a 121°C durante 15 minutos.

Referências:

1. Guyatt GH, Oxman AD, Vist GE, et al. GRADE: um consenso emergente sobre a classificação da qualidade das provas e da força das recomendações. *BMJ.* 2008; 336:924-6.

2. Khanolkar MP, Bain SC, Stephens JW. O pé diabético. QJM. 2008; 101:685-695.

3. Anandi C, Alaguraja D, Natarajan V, Ramanathan M, Subramaniam CS, Thulasiram M, Sumithra S. Bacteriologia das lesões do pé diabético. *Indian J Med Microbiol.* 2004; 22:175178.

4. Shakil S, Khan AU. Úlceras infectadas do pé em pacientes diabéticos do sexo masculino e feminino: A clinico- bioinformative study. *Ann Clin Microbiol Antimicrob.* 2010; 9:1-10.

5. Citron DM, Goldstein EJ, Merriam CV, Lipsky BA, Abramson MA. Bacteriology of moderate-to-severe diabetic foot infections and in vitro activity of antimicrobial agents. *J Clin Microbiol.* 2007; 45(9):2819-28.

6. Tascini C, Piaggesi A, Tagliaferri E, lacopi E, Fondelli S, Tedeschi A, et al. Microbiologia na primeira consulta de infeção moderada a grave do pé diabético com atividade antimicrobiana e um estudo da monoterapia com quinolonas. *Diabetes Res Clin Pract* 2011.

7. Lipsky BA . Terapia empírica para infecções do pé diabético: existem pistas clínicas para orientar a seleção de antibióticos? *Clin Microbiol Infect.2007;* 13: 351-353.

8. Apelqvist J, Bakker K, van Houtum WH, Schaper NC, Grupo de Trabalho Internacional sobre o Pé Diabético (IWGDF) Conselho Editorial. O desenvolvimento de directrizes de consenso global sobre a gestão do pé diabético. *Diabetes Metab Res Rev.*2008; 24: 116-118.

9. Mohammad Zubair, Abida Malik e Jamal Ahmad. Clinico-bacteriologia e factores de risco para a infeção do pé diabético com microrganismos multirresistentes no norte da Índia. *Biol and Med.* 2010; 2:22-34.

10. Pappu AK, Aprana Sinha, Aravind Johnson. Perfil microbiológico da úlcera do pé diabético. *Calicut Med J.* 2011; 9(3):e2.

11. Atif sitwat hayati,Abdul haquekhan,Naila masood and Naila sheikh Study of Microbiological pattern and in vitro antibiotic susceptibility in patients having diabetic foot infection at tertiary care hospital in Abbottabad . World applied sciences Journal.2011; 12(2):123-131.

12. Ripoll, Brian C. Leutholtz, Ignacio. Exercise and disease management (2a ed.). Boca Raton: CRC Press. p. 25. ISBN 978-1-4398-2759-8.

13. Leonid Poretsky, (2009). Princípios da diabetes mellitus (2ª ed.). Nova Iorque: Springer. p. 3. ISBN 978-0-387-09840-1.

14. Dobson, M. (1776). "Natureza da urina no diabetes". Observações e inquéritos médicos **5**: 298-310.

15. Diabetes care, volume 36, suplementos 1, janeiro de 2013 pp s65-s68.

16. Comité Internacional de Peritos. Relatório do Comité Internacional de Peritos sobre o papel do ensaio HbA1C no diagnóstico da diabetes. *Diabetes Care.* 2009;32:1327-1334

17. Metzger BE, Lowe LP, Dyer AR, Trimble ER, Chaovarindr U, Coustan DR, Hadden DR, McCance DR, Hod M, McIntyre HD, Oats JJ, Persson B, Rogers MS, Sacks DA. Hyperglycemia and adverse pregnancy outcomes. *N Engl J Med.* 2008;358:1991-2

18. Metzger BE, Gabbe SG, Persson B, Buchanan TA, Catalano PA, Damm P, et al., International Association of Diabetes and Pregnancy Study Groups recommendations on the diagnosis and classification of hyperglycemia in pregnancy. *Diabetes Care* 2010;33:676-682

19. Landon MB, Spong CY, Thom E, Carpenter MW, Ramin SM, Casey B, Wapner RJ, Um ensaio multicêntrico e aleatório de tratamento para diabetes gestacional ligeira. *N Engl J Med* .2009;361:1339-48

20. Crowther CA, Hiller JE, Moss JR, McPhe AJ, Jeffries WS, Robinson JS. Effect of treatment of gestational diabetes mellitus on pregnancy outcomes (Efeito do tratamento da diabetes mellitus gestacional nos resultados da gravidez). *N Engl J Med* 2005;352:2477-2486

21. Aiello LP, Gardner TW, King GL et al., Diabetic *retinopathy. Diabetes Care.* 1998; 21: 143-56

22. Chen YD, Reaven GM: Insulin resistance and atherosclerosis (Resistência à insulina e aterosclerose). *Diabetes Rev.* 1997; 5: 331-43

23. Ritz E, Orth SR: Nefropatia em doentes com diabetes tipo 2. *N Engl J Med.* 1999; 341: 1127-33

24. Deresinski, S. Infecções no doente diabético: Estratégias para o clínico. *Infect. Dis. Rep.* 1995;1, 1-12.

25. Kaslow RA: Infecções em diabéticos. Em *Diabetes in America.* Harris MI, Hamman RF, eds. NIH publ. no. 85-1468, 1985, p.XIX 1-18

26. Edwards JE, Tillman DB, Miller ME, Pitchon HE: Infeção e diabetes mellitus. *West J Med* 130:515-21, 1979

27. Trigo LJ: Infeção e diabetes mellitus. *Diabetes Care* 3:187-95, 1980

28. Drachman RH, Root RK Jr, WB Wood. Studies on the effect of experimental nonketotic diabetes on antibacterial defense I. Demonstration of a defect in phagocytosis. *J Exp Med.* 1966;124:227-40.

29. Valerius NH, Eff C, Hansen NE, Karle H, Nerup J, Soeberg B. et al., Neutrophil and lymphocyte

function in patients with diabetes mellitus. *Ata Med Scand* 211:463-67,1982

30. Masuda M, Markami T, Egawa H, Murata K. Diminuição da fluidez da membrana dos leucócitos polimorfonucleares em ratos diabéticos induzidos por estreptozocina. *Diabetes* 39:466-70, 1990

31. Goodson III WH, Hunt TK: Wound healing and the diabetic patient. *Surg Gynecol Obstet.1979;* 149:600-08.

32. Pecoraro RE, Ahroni JH, Boyko EJ, Stensel VL. Chronology and determinants of tissue repair in diabetic lower-extremity ulcers. *Diabetes.1991;* 40:1305-13.

33. Lipsky BA, Pecoraro RE, Ahroni JH: Foot ulceration and infection in elderly diabetics (Ulceração e infeção do pé em diabéticos idosos). *Clin Geriatr Med* 6:747-69,1990

34. Ellenberg M, Weber H: The incipient asymptomatic diabetic bladder. *Diabetes* 16:33135, 1967

35. Hosking DJ, Bennett T, Hampton JR: Diabetic autonomic neuropathy. *Diabetes* 27:104354, 1978

36. Murphy DP, Tan JS, File TM: Complicações infecciosas em doentes diabéticos. *Cuidados Primários* 8:695-714, 1981

37. Ankel F, Wolfson AB, Stapczynski JS: Cistite enfisematosa: Uma complicação da infeção do trato urinário que ocorre predominantemente em mulheres diabéticas. *Ann Emerg Med* 19:404-06, 1990

38. Kass EH: Bacteriúria e o diagnóstico de infecções do trato urinário. *Arch Int Med* 100:709-14, 1957

39. Kass EH: Infecções assintomáticas do trato urinário. *Trans Assoc Am Phys* 69:56-64, 1956

40. Keane EM, Boyko EJ, Reller LB, Hamman RF. Prevalência de bacteriúria assintomática em indivíduos com NIDDM no Vale de San Luis do Colorado. *Diabetes Care.* 1988. 11:70812.

41. Abu-Bakare A, Oyaide SM: Bacteriúria assintomática na diabetes nigeriana. *J Trop Med Hyg.* 1986;89:29-32.

42. Bahl AL, Chugh RN, Sharma KB. Asymptomatic bacteriuria in diabetics attending a diabetic clinic. *Indian J Med Sci.* 1970;24:1-6.

43. Hansen RO: Bacteriúria em doentes diabéticos e não diabéticos em ambulatório. *Ata Med Scand* 1964; 176:721-30.

44. Joffe BL, Seftel HC, Distiller LA. Bacteriúria assintomática em diabetes mellitus. *S Afr Med J.* 1306-08, 1974

45. O'Sullivan DJ, Fitzgerald MG, Meynell MJ. Infeção do trato urinário: Estudo comparativo entre a população diabética e a população normal. *Br Med J.* 1961;786-88.

46. Ooi BS, Chen BTM, Yu M. Prevalência e local da bacteriúria na diabetes mellitus. *Postgrad Med J*.1974;50:497-99.

47. Jaspan JB, Mangera C, Krut LJ. Bacteriúria em diabéticos negros. *S Afr Med.* 1977; 51:37476.

48. Schmitt JK, Fawcett CJ, Gullickson G: Bacteriúria assintomática e hemoglobina A1. *Diabetes Care.* 1986; 9:518-20.

49. Vejlsgaard R: Estudos sobre infecções urinárias em diabéticos. I. Bacteriúria em pacientes com diabetes mellitus e em indivíduos de controlo. *Ata Med Scand.* 1966;179:172-82.

50. Vigg B, Rai V: Bacteriúria assintomática em diabéticos. *J Assoc Physicians* 1977

51. Heron M, Hoyert DL, Murphy SL, Xu J, Kochanek KD, Tejada- Vera B. Mortes: dados finais para . Natl Vital Stat Rep 2009; 57(14): 1-134.

52. Fry AM, Shay DK, Holman RC, Curns AT, Anderson LJ. Trends in hospitalizations for pneumonia among persons aged 65 years or older in the United States (Tendências nas hospitalizações por pneumonia em pessoas com 65 anos ou mais nos Estados Unidos). *JAMA* 2005; 294(21): 2712-9.

53. Thomsen RW, Riis A, Norgaard M. Incidência crescente e mortalidade persistentemente elevada de pneumonia hospitalizada: um estudo de base populacional de 10 anos na Dinamarca. *J Intern Med* 2006; 259(4): 410-7.

54. Trotter CL, Stuart JM, George R, Miller E. Aumento das admissões hospitalares por pneumonia, *Inglaterra. Emerging Infect Dis.2008;* 14(5): 727-33.

55. Gageldonk-Lafeber AB, Bogaerts MA, Verheij RA, van der Sande MA. Time trends in primary-care morbidity, hospitalization and mortality due to pneumonia (Tendências temporais na morbilidade, hospitalização e mortalidade por pneumonia nos cuidados primários). Epidemiol Infect. 2009; 137(10): 1472-8.

56. Koziel H, Koziel MJ. Complicações pulmonares da diabetes mellitus. Pneumonia. *Infect Dis Clin North Am* 1995; 9(1): 65-96.

57. Kornum JB, Thomsen RW, Riis A, Lervang HH, Schonheyder HC, Sorensen HT. Diabetes, controlo glicémico e risco de hospitalização por pneumonia: um estudo de caso-controlo com base na população. *Diabetes Care.* 2008; 31(8): 1541-5.

58. Cluff LE, Reynolds RC, Page DL: Staphylococcal bacteremia and altered host resistance. *Ann*

Intern Med.1968;69:85-93.

59. Bryan CS, Reynods KL, Metzger WT: Bacteriémia em doentes diabéticos: Comparação da incidência e mortalidade com pacientes não-diabéticos. *Diabetes Care* 8:244-49, 1985

60. Cooper G, Platt R: Bacteremia por Staphylococcus aureus em doentes diabéticos: Endocardite e mortalidade. *Am J Med* 73:658-62, 1982

61. Kreger BE, Craven DE, McCabe WR: Bacteremia por Gram-negativos. IV. Reavaliação das características clínicas e do tratamento em 612 pacientes. *Am J Med* 68:344-55, 1980

62. Leibovici L, Samra Z, Konisberger H, Kalter-Leibovici O, Pitlik SD, Drucker M: Bacteremia em doentes adultos diabéticos. *Diabetes Care.* 1991; 14:89-94.

63. Academia Nacional de Ciências - Conselho Nacional de Investigação. Infecções de feridas pós-operatórias: The influence of ultraviolet irradiation of the operating room and of various other factors. *Ann Surg.* 1964; 160:1-192.

64. Lidgren L. Infecções ortopédicas pós-operatórias em doentes com diabetes mellitus. *Ata Orthop Scan.* 1973; 44:149-51.

65. Cruse PJE, Foord R: Um estudo prospetivo de cinco anos de 23.649 feridas cirúrgicas. *Arch Surg*.1973; 107:206-09.

66. Vannini P, Ciaverella A, Olmi R, Flammini M, Moroni A, Galuppi V, Giunti A: A diabetes como fator de risco pró-infecioso na artroplastia total da anca. *Ata Diabetol Lat.* 1984; 21:275-79.

67. Fietsam R Jr, Bassett J, Glover JL: Complicações da cirurgia da artéria coronária em pacientes diabéticos. *AmSurg.* 1991; 57:551-57.

68. Farrington M, Webster M, Fenn A, Phillips I: Estudo da infeção de feridas cardiovasculares no St. Thomas' Hospital. *Br JSurg.* 1985; 72:759-62.

69. Salomon NW, Page US, Okies JE, Stephens J, Krause AH, Bigelow JC: Diabetes mellitus e bypass da artéria coronária. *J Thorac Cardiovasc Surg.* 1983; 85:264-71.

70. Shuhaiber H, Chugh T, Portoian-Shuhaiber S, Ghosh D: Infeção da ferida em cirurgia cardíaca. *JCardiovasc* Surg. 1987;28:139-42.

71. Khanolkar MP, Bain SC, Stephens JW. O pé diabético. *QJM.* 2008; 101: 685-95.

72. Anandi C, Alaguraja D, Natarajan V, Ramanathan M, Subramaniam CS, Thulasiram M, *et al.* Bacteriologia das lesões do pé diabético. *Indian J Med Microbiol,* 2004; 22: 175-8.

73. Oyibo SO, Jude EB, Tarawneh I, Nguyen HC, Harkless LB, Boulton AJM. Uma comparação de dois sistemas de classificação de úlceras do pé diabético. Os sistemas de classificação de feridas de

Wagner e da Universidade do Texas. *Diabetes Care.2001;* 24:84-88.

74. Lavery LA, Armstrong DG, Wunderlich RP. Risk factors for foot infections in individuals with diabetes. *Diabetes Care.* 2006;29:1288-93

75. Hoogwerf BJ, Sferra J, Donley BG. Diabetes mellitus - visão geral. *Foot Ankle Clin* 2006; 11:703-15.

76. Controlo intensivo da glicose no sangue com sulfonilureias ou insulina em comparação com o tratamento convencional e risco de complicações em doentes com diabetes tipo 2 (UKPDS 33). Grupo do UK Prospective Diabetes Study (UKPDS). Lancet 1998; 352:83753.

77. Umpierrez GE, Zlatev T, Spanheimer RG. Correção do metabolismo alterado do colagénio em animais diabéticos com terapia de insulina. Matrix 1989;9:336-42

78. Apelqvist J, Bakker K, van Houtum WH, et al. Directrizes práticas sobre a gestão e a prevenção do pé diabético. Baseado no Consenso Internacional sobre o Pé Diabético (2007) Preparado pelo Grupo de Trabalho Internacional sobre o Pé Diabético. *Diabetes Metab Res Rev.* 2008;24(1):181-7.

79. Boulton AJ, Scarpello JH, Ward JD. Oxigenação venosa no pé neuropático diabético: evidência de desvio arteriovenoso? Diabetologia. 1982; 22:6-8.

80. Corbin DO, Young RJ, Morrison DC, et al. Fluxo sanguíneo no pé, polineuropatia e ulceração do pé na diabetes mellitus. Diabetologia 1987; 30:468-73.

81. . Zimny S, Dessel F, Ehren M, et al. Deteção precoce de deficiência microcirculatória em doentes diabéticos com pé em risco. *Diabetes Care* 2001; 24:1810-4.

82. Frykberg RG. Úlceras do pé diabético: conceitos actuais. *J Foot Ankle Surg.* 1998; 37:440-6.

83. Brown MJ, Asbury AK. Neuropatia diabética. *Ann Neurol.* 1984; 15:2-12.

84. Conrad MC. Oclusão de grandes e pequenas artérias em diabéticos e não-diabéticos com doença vascular grave. Circulation. 1967; 36:83-91.

85. Boyd RB, Burke JP, Atkin J. Significance of capillary basement membrane changes in diabetes mellitus (Significado das alterações da membrana basal capilar na diabetes mellitus). *J Am Podiatr Med Assoc.* 1990; 80:307-13.

86. Gordon PA. Effects of diabetes on the vascular system: current research evidence and best practice recommendations (Efeitos da diabetes no sistema vascular: evidências actuais da investigação e recomendações de melhores práticas). *J Vasc Nurs.* 2004; 22: 2-3.

87. Cavanagh PR, Lipsky BA, Bradbury AW. Tratamento das úlceras do pé diabético. Lancet 2005; 366:1725-35.

88. Schroeder TV. O suplemento TASC recomendações internacionais para a gestão da doença arterial periférica. *Eur J Vasc Endovasc Surg.* 2000; 19:563.

89. Reiber GE, Vileikyte L, Boyko EJ, et al. Causal pathways for incident lower-extremity ulcers in patients with diabetes from two settings. *Diabetes Care.* 1999; 22:157-62.

90. Rathur HM, Boulton AJ. O pé diabético. *Clin Dermatol.* 2007; 25:109-20.

91. Jeffcoate WJ, Harding KG. Úlceras do pé diabético. *Lancet* 2003; 361:1545-51.

92. Associação Espanhola de Cirujanos (AEC); Sociedade Espanhola de Angiologia e Cirurgia Vascular (SEACV); Sociedade Espanhola de Medicina Interna (SEMI); e Sociedade Espanhola de Quimioterapia (SEQ). Documento de consenso sobre o tratamento antimicrobiano das infecções na torta diabética. Rev Esp Quimioterap. 2007; 20:7792.

93. Lipski BA, Berendt AR, Deery HG, Embil JM, Joseph WS, Karchmer .AW Diagnóstico e tratamento das infecções do pé diabético. *Clin Infect Dis.* 2004; 39:885-910.

94. Citron DM, Goldstein EJ, Merriam CV, Lipsky BA, Abramson MA. Bacteriology of Moderate-to-Severe Diabetic Foot Infections and In Vitro Activity of Antimicrobial Agents [Bacteriologia das Infecções Moderadas a Graves do Pé Diabético e Atividade In Vitro dos Agentes Antimicrobianos]. *J Clin Microbiol.* 2007; 45:2819-28.

95. Yates CJ, May K, Hale T, Allard B, Rowlings N, Freeman A, et al. A cronicidade da ferida, os cuidados hospitalares e a doença renal crónica predispõem à infeção por MRSA nas úlceras do pé diabético. *Diabetes Care.* 2009; 32:1907-1909.

96. Alcalá Martínez-Gómez Dde, Ramírez-Almagro C, Campillo-Soto A, Morales-Cuenca G, Pagán-Ortiz J, Aguayo-Albasini JL. Infecções da torta diabética. Prevalência dos diferentes microorganismos e sensibilidade aos antimicrobianos. *Enferm Infecc Microbiol Clin* 2009; 27:317-321.

97. Umadevi S, Kumar S, Joseph NM, Easow JM, Kandhakumari G, Srirangaraj Set al. Estudo microbiológico das infecções do pé diabético. *Indian J Medical Specialities.* 2011.

98. Singh SK, Gupta K, Tiwari S, Shahi SK, Kumar S, Kumar A et al. Detetar a diversidade bacteriana aeróbica em doentes com feridas do pé diabético utilizando ERIC-PCR: uma comunicação preliminar. *Int J Low Extrem Wounds.* 2009; 8:203-208.

99. Dowd SE, Sun Y, Secor PR, Rhoads DD, Wolcott BM, James GA et al. Survey of bacterial diversity in chronic wounds using pyrosequencing, DGGE, and full ribosome shotgun sequencing. *BMC Microbiol* 2008. 8:43-45.

100. Senneville E, Melliez H, Beltrand E, Legout L, Valette M, Cazaubiel M, et al. Cultura de

amostras de biopsia óssea percutânea para diagnóstico de osteomielite do pé diabético: concordância com culturas de zaragatoas de úlceras. *Clin Infect Dis.* 2006; 42:57-62

101. Kandemir O, Akbay E, Sahin E, Milcan A, Gen R. Risk factors for infection of the diabetic foot with multi-antibiotic resistant microorganisms. *J Infect.* 2007; 54:439-445.

102. Gadepalli R, Dhawan B, Sreenivas V. A clinic-microbiological study of diabetic foot ulcers in an Indian tertiary care hospital. *Diabetes Care.* 2006; 8:1727-1732.

103. Sotto A, Richard JL, Combescure C, Jourdan N, Schuldiner S, Bouziges N et al. Efeitos benéficos da implementação de directrizes na microbiologia e nos custos das úlceras infectadas do pé diabético. *Diabetologia.* 2010; 53:2249-55.

104. Joseph WS, Lipsky BA. Terapia médica das infecções do pé diabético. *J Vasc Surg.* 2010; 52:67-71

105. Sotto A, Lina G, Richard JL, Combescure C, Bourg G, Vidal L et al. Potencial de virulência das estirpes de Staphylococcus aureus isoladas de úlceras do pé diabético: um novo paradigma. *Diabetes Care.* 2008; 31:2318-24.

106. Podbielska A, Galkowska H, Stelmach E, Mlynarczyk G, Olszewski WL. Produção de limo por estirpes de *Staphylococcus aureus* e *Staphylococcus epidermidis* isoladas de doentes com úlceras do pé diabético. Arch Immunol Ther Exp. 2010; 58:321-24.

107. Eleftheriadou I, Tentolouris N, Argiana V, Jude E, Boulton AJ. *Staphylococcus aureus* resistente à meticilina em infecções do pé diabético. Drugs. 2010; 70:1785-1797

108. Dang CN, Prasad YD, Boulton AJ, Jude EB. Methicillin-resistant *Staphylococcus aureus* in the diabetic foot clinic: a worsening problem. Diabet Med 2003; 20:159-161.

109. Nather A, Bee CS, Huak CY, Chew JL, Lin CB, Neo S et al. Epidemiologia dos problemas do pé diabético e factores preditivos de perda de membros. *J Diabetes Complications.* 2008; 22:77-82.

110. Appleman MD, Citron DM. Efficacy of vancomycin and daptomycin against Staphylococcus aureus isolates collected over 29 years. *Diagn Microbiol Infect Dis.* 2010; 66:441-444.

111. Soriano A, Marco F, Martínez JA, Pisos E, Almela M, Dimova VP, et al. Influência da concentração inibitória mínima de vancomicina no tratamento da bacteremia por Staphylococcus aureus resistente à meticilina. *Clin Infect Dis.* 2008; 46:193-200.

112. Galkowska H, Podbielska A, Olszewski WL, Stelmach E, Luczak M, Rosinski G et al. Epidemiologia e prevalência de Staphylococcus aureus e Staphylococcus epidermidis resistentes à meticilina em pacientes com úlceras do pé diabético: foco nas diferenças entre as espécies isoladas de indivíduos com úlceras do pé isquémico vs. neuropático. *Diabetes Res Clin Pract.* 2009; 84:187-

113. Altrichter Loan C, Legout L, Assal M, Rohner P, Hoffmeyer P, Bernard L. Infections sévères à Streptococcus agalactiae du pied diabétique. Papel importante do Streptococcus agalactiae? *Presse Med.* 2005; 34:491-494.

114. Lipsky BA, Armstrong DG, Citron DM, Tice AD, Morgenstern DE, Abramson MA. Ertapenem versus piperacilina/tazobactam para infecções do pé diabético (SIDESTEP): ensaio prospetivo, aleatório, controlado, duplamente cego e multicêntrico. *Lancet* 2005; 366:1695-1703.

115. Dowd SE, Wolcott RD, Sun Y, McKeehan T, Smith E, Rhoads D. Natureza polimicrobiana das infecções crónicas por biofilme de úlceras do pé diabético determinada através de pirosequenciação de amplicons FLX codificados por etiquetas bacterianas (bTEFAP).*PZo5'One.*2008;3:e3326.

116. Murugan S, Bakkiya Lakshmi R, Uma Devi P, Mani KR. Prevalência e padrão de suscetibilidade antimicrobiana da Pseudomonas aeruginosa produtora de metalo ß-lactamase na infeção do pé diabético. *Int J Microbiol Res.* 2010; 1:123-128.

117. Shakil S, Khan AU. Infected foot ulcers in male and female diabetic patients: a clinico-bioinformative study. Ann Clin Microbiol Antimicrob. 2010; 9:2

118. Varaiya AY, Dogra JD, Kulkarni MH, Bhalekar PN. Escherichia coli e Klebsiella pneumoniae produtoras de ß-lactamase de espetro alargado em infecções do pé diabético. Indian J Pathol Microbiol. 2008; 51:370-372

119. Nair S, Peter S, Sasidharan A, Sistla S, Kochugovindan AK. Incidência de infecções micóticas no tecido do pé diabético. Journal of Culture Collections.2007; 5:85-89.

120. Gardner SE, Frantz RA, Doebbeling BN. A validade dos sinais e sintomas clínicos utilizados para identificar a infeção localizada de feridas crónicas. *Wound Repair Regen.* 2001;9:178-186.

121. Lipsky BA. Novos desenvolvimentos no diagnóstico e tratamento de infecções do pé diabético. *Diabetes Metab Res Rev.* 2008;24(1):66-71.

122. Gardner SE, Frantz RA. Wound bioburden and infection-related complications in diabetic foot ulcers. *Biol Res Nurs.* 2009;10:44-53.

123. Steed DL, Attinger C, Colaizzi T, et al. Directrizes para o tratamento de úlceras diabéticas. *Wound Repair Regen.* 2006;14:680-692.

124. Gardner SE, Frantz RA, Saltzman CL, et al. Validade diagnóstica de três técnicas de esfregaço para identificar a infeção crónica de feridas. *Wound Rep Reg.* 2006;14:548-557.

125. Levin ME, Pathogenesis and management of diabetic foot lesions in Levin ME, O'Neal LW; Bowker JH, eds.T he Diabetic Foot, 5th ed. 1993, St Louis, CV Mosby, 17-60.

126. Taylor Jr. LM, Porter JM. The clinical course of diabetics who require emergent foot surgery because of infection or ischaemia. J Vasc Surg. 1987; 6:454.

127. Lichter SB, Allweiss P, Harley J, Clay J, et al. Características clínicas dos doentes diabéticos com infecções graves nos pedais. Metab. 1988; 37: 22-4.

128. Newman LG, Waller J, Palestro CJ, et al. Unsuspected osteomyelitis in diabetic foot ulcers. JAMA. 1991; 266:1246-51.

129. Littenberg B, Mushlin Al. O consórcio de avaliação da tecnologia de diagnóstico. Digitalização óssea com tecnécio no diagnóstico de osteomilite: uma meta-análise do desempenho do teste. J Gen Intern Med. 1992; 7:158-63.

130. Newman LG, Waller J, Palestro CJ. O exame de leucócitos com 111 IN é superior à ressonância magnética no diagnóstico de osteomielite clinicamente insuspeita em úlceras do pé diabético. *Diabetes Care.* 1992; 15:1527-30.

131. Bamberger DM, Daus GP, Gerding DN: Osteomylitis in the feet of diabetic patients. long-term results, prognostic factors, and the role of antimicrobial and surgical therapy. *Am J Med.* 1987; 833:653-60.

132. Lipsky BA, Pecoraro RE, Wheat LJ. The diabetic foot: soft tissue and bone infection. 1990; 4:409-32.

133. Liven ME, Spratt IL. "Para molhar ou não molhar". *Clin Diabetes.* 1986; 4; 44-5.

134. Pecoraro RE, Ahroni JH, Boyko EJ, Stensel VL. Chronology and determinants of tissue repair in diabetic lower extremity ulcers (Cronologia e determinantes da reparação de tecidos em úlceras diabéticas dos membros inferiores). Diabetes. 1991; 40:1305-13.

135. Sinacore DR, Muller MJ. Fundição de contacto total no tratamento de úlceras neuropáticas. Em Levin ME, O'Neal LW Bowker JH. The Diabetic Foot 5th ed. St. Louis: Mosby-year Book. 1993; 259-81.

136. Mills JL, Beckett WC, Taylor SM. The diabetic foot: consequences of delayed treatment and referral. *South Med J.* 1991; 84: 970-4.

137. LoGerfo FW; Gibbons GW, Pomposelli FB Jr. et al. Tendências no tratamento do pé diabético: papel alargado da reconstrução arterial. *Arch Surg.* 1992; 127:617-21.

138. Cianci P, Hunt TK. Oxigenoterapia hiperbárica adjuvante no tratamento de feridas do pé diabético. Em Levin ME, O'Neal LW, Bowker JH, eds. The Diabetic Foot. 5th ed. St. Louis: Mosby-Year Book. 1993, 305-19.

139. Zhao L, Davidson JD, Wee SC, Roth SI e Mustoe TA. Effect of hyperbaric oxygen and growth factors in rabbit ear ischaemic ulcers. Arch of Surg, no prelo.

140. Adaptado de Levin ME: "Pathogenesis and management of diabetic foot lesions" In Levin ME, O'Neal LW, and Bowker JH,eds. The Diabetic Foot, 5ª ed., St. Louis, Mosby year Book, 1993

141. Associação Europeia de Tratamento de Feridas (EWMA). Documento de posição: *Wound bed preparation in practice (Preparação do leito da ferida na prática).* London: MEP Ltd, 2004.

142. Walters DP, Gatling W, Mullee MA. The distribution and severity of diabetic foot disease: a community study with comparison to non-diabetic group. *Diabet Med* 1992; 9: 354-58.

143. Reiber GE, Lipsky BA, Gibbons GW. The burden of diabetic foot ulcers. *Am J Surg* 1998; 176: 5-10.

144. Ramsey SD, Newton K, Blough D. Incidence, outcomes, and cost of foot ulcers in patients with diabetes. *Diab Care* 1999; 22: 382-87.

145. Henriksson F, Agardh C-D, Berne C, et al. Custos médicos directos para doentes com diabetes tipo 2 na Suécia. *J Intern Med* 2000; 248: 387-96.

146. Muller IS, de Grauw WJC, van Gerwen WHEM, et al. Amputação do pé e amputação dos membros inferiores em doentes diabéticos de tipo 2 nos cuidados de saúde primários neerlandeses. *Diab Care* 2002; 25: 570-74.

147. Abbott CA, Carrington AL, Ashe H, et al. The NorthWest Diabetes Foot Care Study: incidência de, e factores de risco para, nova ulceração do pé diabético numa coorte de base comunitária. *Diabet Med* 2002; 19: 377-84.

148. Abbott CA, Vileikyte L, Williamson S, et al. Estudo multicêntrico da incidência e dos factores de risco preditivos da ulceração do pé neuropático diabético. *Diab Care* 1998; 21: 1071-75.

149. Organização Mundial de Saúde (Europa) e Federação Internacional de Diabetes (Europa). Cuidados e investigação sobre a diabetes na Europa: a Declaração de São Vicente. *Diabet Med* 1990; 7: 360.

150. Chaturvedi N, Stevens LK, Fuller JH. Risk factors, ethnic differences and mortality associated with lower-extremity gangrene and amputation in diabetes: the WHO multinational study of vascular disease in diabetes. *Diabetologia* 2001; 44 (2): 65-71.

151. Oyibo SO, Jude EB, Tarawneh I. The effects of ulcer size, patient's age, gender and type and duration of diabetes on the outcome of diabetic foot ulcers. *Diabet Med* 2001; 18: 133-38.

152. Grupo TG. Epidemiology of lower extremity amputation in centres in Europe, North America

and East Asia: the global lower extremity amputation study group. *Br J Surg* 2000; 87: 328-37.

153. Apelqvist J, Larsson J, Agardh C-D. Long-term prognosis for diabetic patients with foot ulcers. *J Intern Med* 1993; 233: 485-91.

154. Armstrong DG, Lavery LA, Harkless LB. Validação de um sistema de classificação de feridas diabéticas. *Diab Care* 1998; 21: 855-59.

155. Van Houtum WH, Lavery LA. Resultados associados a amputações relacionadas com a diabetes nos Países Baixos e no estado da Califórnia, EUA. *J Intern Med* 1996; 240: 227-31

156. Van Houtum WH, Lavery LA, Harkless LB. The impact of diabetes-related lower- extremity amputations in The Netherlands (O impacto das amputações das extremidades inferiores relacionadas com a diabetes nos Países Baixos). *J Diabetes Comp.* 1996;10: 325-30.

157. Wits E, Ronningen H. Amputações de membros inferiores: registo de todas as amputações de membros inferiores realizadas no Hospital Universitário de Trondheim, Noruega, 1994-1997. *Prosthet Orthop Int* 2001; 25: 181-85.

158. Calle-Pascual AL, Redondo MJ, Ballesteros M. Amputações não traumáticas das extremidades inferiores em indivíduos diabéticos e não diabéticos em Madrid, Espanha. *Diabets Metab* 1997; 23: 519-23.

159. Spichler ERS, Spichler D, Lessa I. Método de captura-recaptura para estimar as taxas de amputação de extremidades inferiores no Rio de Janeiro, Brasil. *Pan Am J Public Health* 2001; 19: 334-40.

160. Trautner C, Giani G, Haastert B. Incidência inalterada de amputações de membros inferiores numa cidade alemã. *Diab Care* 2001; 24: 855-59.

161. Wrobel JS, Mayfield JA, Reiber GE. Geographic variation of lowerextremity major amputation in individuals with and without diabetes in the Medicare population. *Diab Care* 2001; 24: 860-64.

162. Van Houtum WH, Lavery LA. Regional variation in the incidence of diabetes-related amputation in The Netherlands (Variação regional na incidência de amputação relacionada com a diabetes nos Países Baixos). *Diabetes Res Clin Pract* 1996; 31: 125-32.

163. Canavan R, Connolly V, Airey CM. A population based study of lower extremity amputations among four UK centres *Diabet Med* 2002; **19** (2): A23.

164. Chaturvedi N, Abbott CA, Whalley A. Risk of diabetes-related amputation in South Asians vs Europeans in the UK (Risco de amputação relacionada com a diabetes em sul-asiáticos vs europeus no Reino Unido). *Diabet Med* 2002; 19: 99-104.

165. Boyko EJ, Ahroni JH, Smith DG, et al. Aumento da mortalidade associada à úlcera do pé diabético. *Diabet Med* 1996; 13: 967-72.

166. Moulik P, Gill G. Mortality in diabetic patients with foot ulcers (Mortalidade em doentes diabéticos com úlceras nos pés). *Diabet Foot* 2002; 5: 51-53.

167. Lavery LA, van Houtum WH, Harkless LB. In-hospital mortality and disposition of the diabetic amputees in The Netherlands (Mortalidade intra-hospitalar e disposição dos amputados diabéticos nos Países Baixos). *Diabet Med* 1996;13:192-97.

168. da Silva AF, Desgranges P, Holdsworth J, et al. The management and outcome of critical limb ischaemia in diabetic patients: results of a national survey. Comité de Auditoria da Sociedade de Cirurgia Vascular da Grã-Bretanha e Irlanda. *Diabet Med* 1996; 13: 72628.

169. Faglia E, Favales F, Morabito A. Nova ulceração, nova amputação maior e ratos de sobrevivência em indivíduos diabéticos hospitalizados por ulceração do pé de 1990 a 1993: um seguimento de 6-5 anos. *Diab Care* 2001; 24: 78-83.

170. Lee JS, Lu M, Lee VS, et al. Lower-extremity amputation: incidence, risk factors, and mortality in the Oklahoma Indian diabetes study. *Diabetes* 1993;42:876-82.

171. Kannan lyanar, Premavathy R. K., Sambandam Cecilia, Jayalakshmi M., Sruthi Priyadarsini S., Shantha S. Isolamento e suscetibilidade antibiótica de bactérias de infecções do pé em doentes com diabetes mellitus tipo I e tipo II . *Int J Res Med Sci.* 2014;2(2):457-461

172. Raghav Rao , Ranjan Basu , Debika Roy Biswas Perfil bacteriano aeróbio e padrão de suscetibilidade antimicrobiana de isolados de pus num hospital de cuidados terciários do sul da Índia. *Journal of Dental and Medical Sciences.* 2014;13(3):59-62.

173. Narinder Kaur, Amandeep Kaur, Rajiv Kumar, Amarjit Kaur Gill Perfil clínico e de suscetibilidade de doentes com pé diabético num hospital de cuidados terciários Sch. *J. App. Med. Sci.,* 2014; 2:865-69

174. Jasmine Janiferl, Geethalakshmi Sekkizhar, Satyavani Kumpatla e Vijay Viswanathan Bioburden vs. Antibiograma da Infeção do Pé Diabético. *Clin Res Foot Ankle* .2013; 1:31-34

175. Jayashree Konar, Sanjeev Das. Bacteriological profile of diabetic foot ulcers, with a special reference to antibiogram in a tertiary care hospital in eastern Indi. *Jornal de Evolução das Ciências Médicas e Dentárias.* 2013; 2(48): 9323-28.

176. T. ViswasanthiS. Mohana Lakshmi, K. Thamizhvanan J. Rajesh. formulação e avaliação do extrato de poli-ervas contra a infeção do pé diabético. 2013;4(4):1285-90.

177. Vaidehi J. Mehta, Kunjan M. Kikani, Sanjay J. Mehta. Microbiological profile of diabetic foot ulcers and its antibiotic susceptibility pattern in a teaching hospital, Gujarat. *Jornal Internacional de Farmacologia Básica e Clínica.* 2014;3(1):92-96.

178. G.S. Banashankari1, H.K. Rudresh2 e A.H. Harsha Prevalência de Bactérias Gram Negativas no Pé Diabético Um Estudo Clínico-Microbiológico. *Al Ameen J Med Sci; Volume.* 2012;5(3):224-233.

179. Khairul Azmi ABDUL KADIR , Muppidi SATYAVANI , Ketan PANDE. Estudo bacteriológico das infecções do pé diabético. *Brunei Int Med J.* 2012; 8 (1): 19-26

180. Ravisekhar Gadepalli et al. A Clinico-microbiological Study of Diabetic Foot Ulcers in an Indian Tertiary Care Hospital. Diabetes Care. 2006;29(8):1727-1733.

181. Jain Manisha, Patel Mitesh H, Sood Nidhi K, Modi Dhara J, Vegad M.M. Spectrum of microbial flora in diabetic foot ulcer and its antibiotic sensitivity pattern in tertiary care hospital in ahmedabad, Gujarat.2012;2(3):354-358.

182. Asha Konipparambil Pappu, Aprana Sinha , Aravind Johnson. Perfil microbiológico da úlcera do pé diabético. *Calicut Medical Journal.* 2011; 9(3):1-4

183. Girish. M. Bengalorkar, T.N.Kumar Cultura e padrão de sensibilidade de microrganismos isolados de infecções do pé diabético num hospital de cuidados terciários. *Int J Cur Biomed Phar Res.* 2011; 1(2): 34 - 40.

184. Kavita A. et al., Bacteriological Analysis of Diabetic Foot infection (Análise bacteriológica da infeção do pé diabético). Jornal do Hospital de Bombaim. 2011;53(4):706-712.

185. Mohammad Zubair, Abida Malik, Jamal Ahmad. Clinico-bacteriologia e factores de risco para a infeção do pé diabético por microrganismos multirresistentes no norte da Índia. *Biology and Medicine.* 2010;2(4):22-34.

186. Shalbha Tiwari. Características microbiológicas e clínicas das infecções do pé diabético no norte da Índia. *J Infect Dev Ctries* 2012; 6(4):329-32

187. Akaninyene Asuquo Out et al. Profile, Bacteriology, and Risk Factors for Foot Ulcers among Diabetics in a Tertiary Hospital in Calabar, Nigeria (Perfil, Bacteriologia e Factores de Risco para Úlceras nos Pés entre Diabéticos num Hospital Terciário em Calabar, Nigéria). Hindawi Publishing Corporation Ulcers. Volume 2013, Artigo ID 820468, pp 1-6

188. Priyadarshini Shanmugam, Jeya M, Linda Susan. Bacteriology of Diabetic Foot Ulcers, with a Special Reference to Multidrug Resistant Strains (Bacteriologia das úlceras do pé diabético, com uma referência especial a estirpes multirresistentes). Jornal de Investigação Clínica e de Diagnóstico.

2013;7(3):441-45

189. Baby Joseph, Berlina Dhas, Vimalin Hena, Justin Raj. Bacteriocina de Bacillus subtilis como novo fármaco contra agentes patogénicos bacterianos da úlcera do pé diabético. *Asian Pac J Trop Biomed.* 2013;3(12): 942-46

190. Mamdouh M. Esmat e Ahmed Saif A Islam. Infeção do pé diabético. Causas bacteriológicas e terapia antimicrobiana. *Journal of American Science.* 2012;8(10):389-94

191. Al-Metwally R. Ibrahim, Estudo bacteriológico da infeção do pé diabético no Egipto. *Jornal da Sociedade Árabe para a Investigação Médica.2013;8:26-32*

192. Diane M. Citron, Ellie J. C. Goldstein, C. Vreni Merriam, Benjamin A. Lipsky e Murray A. Abramson. Bacteriology of Moderate-to-Severe Diabetic Foot Infections and In Vitro Activity of Antimicrobial Agents Journal Of Clinical Microbiology.2007;(9):2819-30

193. Seyed Mohammad Alavi1, Azar D. Khosravi, Abdulah Sarami, Ahmad Dashtebozorg, Effat Abasi Montazeri. estudo bacteriológico da úlcera do pé diabético. Pak J Med Sci outubro - dezembro. 2007;23(5)681-84

194. Sharma VK, Khadka P, Joshi A, Sharma R. Patogénios comuns isolados na infeção do pé diabético no Bir Hospital. *Kathmandu University Medical Journal.*2006;4(3):295-301.

195. Ahmed T. El-Tahawy Bacteriology of diabetic foot infections (Bacteriologia das infecções do pé diabético). *Saudi Medical Journal.* 2000; 21 (4):344-47

196. Cheesbrough M. District Laboratory Practice in Tropical Countries. 2ª ed. Nova Iorque: Camridge University Press; 2006.

197. Benson H. J. Microbiological Application, Laboratory Manual in General Microbiology. 8ª ed. Londres: McGraw-Hill; 2001.

198. Prescott L, Klein. Microbiologia. 6th ed. London: McGraw-Hill; 2002.

199. Washington C, Allen S. Koneman's color atlas and textbook of Diagnostic Microbiology. 6ª ed. Philadelphia: Lippincott Williams & Wilkins; 2006.

200. Jackson C. R, Fedorka C, Jackson M. C, Hiott L. M. Effect of media, temperature and culture condition on the species population and antibiotic resistance of Enterococci from broiler chickens. *Letters in Applied Microbiology.* 2005; 41: 262-268.

201. Mangala A. Nadkarni, F. Elizabeth Martin, Nicholas A. Jacques. Determinação da carga bacteriana por PCR em tempo real utilizando um conjunto de sondas e iniciadores de gama alargada (universal). Microbiologia (2002); 148: 257-266.

202. Normas de desempenho para testes de suscetibilidade antimicrobiana em disco; Norma aprovadaNona edição. CLSI. M2-A9; 26: 1.

203. Mohammad Zubair, Abida Malik, Jamal Ahmad. Clinico-bacteriologia e factores de risco para a infeção do pé diabético por microrganismos multirresistentes. *Biologia e Medicina,* 2010; 2 (4): 22-34

204. G.S. Banashankari, H.K. Rudresh e A.H. Harsha. Prevalência de Bactérias Gram Negativas no Pé Diabético Um Estudo Clínico-Microbiológico. Ame en J Med S c i .2 012;5(3):224 -32.

205. Jasmine Janifer, Geethalakshmi Sekkizhar, Satyavani Kumpatla1 e Vijay Viswanath. Bioburden vs. Antibiograma da Infeção do Pé Diabético. *Clin Res Foot Ankle* .2013, 1:3

206. Sharma VK1, Khadka PB2, Joshi A3, Sharma R4 Common pathogens isolated in diabetic foot infection in Bir Hospital *Kathmandu University Medical Journal.* 2006;4(15); 295-301

207. Gadepalli R, Dhawan B, Sreenivas V, Kapil A, Ammini AC, Chaudhry R. A Clinico-microbiological study of diabetic foot ulcers in an Indian tertiary care hospital. *Diabetes Care.* 2006; 29: 1727-32.

208. Shankar EM, Mohan V, Premalatha G, Srinivasan RS, Usha AR. Bacterial etiology of diabetic foot infections in South India (Etiologia bacteriana das infecções do pé diabético no sul da Índia). *Eur J Intern Med.* 2005; 16:567-70.

209. Mantey I, Hill RL, Foster AV, Wilson S, Wade JJ, Edmonds ME. Infeção de úlceras do pé por Staphylococcus aureus associada a um aumento da mortalidade em doentes diabéticos. *Commun Dis Public Health.* 2000; 3: 288-90.

210. Dang CN, Prasad YD, Boulton AJ, Jude EB. Methicillin-resistant Staphylococcus aureus in the diabetic foot clinic: a worsening problem. *Diabet Med.,* 2003; 20: 159

211. Sivaraman Umadevi, Shailesh Kumar, Noyal Mariya Joseph, Joshy M Easow, G Kandhakumari, Sreenivasan Srirangaraj, Sruthi Raj, Selvaraj Stephen. Estudo Microbiológico das Infecções do Pé Diabético. *Jornal Indiano de Especialidades Médicas,* 2010; ISSN: impressão - 0976-2884.

212. Raymundo MFP e Mendoza MT. As características microbiológicas e o resultado clínico das infecções alimentares diabéticas entre os pacientes internados na UP-PGH. Phil J Microbiol Infect Dis. 2002;31:51-63.

213. Vaidehi J. Mehta, Kunjan M. Kikani, Sanjay J. Mehta. Microbiological profile of diabetic foot ulcers and its antibiotic susceptibility pattern in a teaching hospital, Gujarat. *Jornal Internacional de Farmacologia Básica e Clínica.* 2014 ;(3) 1:92-5.

Printed by Books on Demand GmbH, Norderstedt / Germany